經營顧問叢書 ㉟

U0070549

總務部門重點工作（增訂四版）

蕭祥榮　編著

憲業企管顧問有限公司　　發行

《總務部門重點工作》增訂四版

序　言

　　本書是專門針對總務部門的工作事項與工作流程，詳細介紹工作執行標準，總務部門的優異績效，有賴於工作的標準化，以及每個部門員工的工作效率。總務性質的工作，有的企業是歸諸在「總務部門」內，有的企業是分配到「人力資源部門」內。

　　《總務部門重點工作》上市後獲得企業界大力讚賞，促使企業員工從知道「如何做」轉向「如何有效地做」轉化，這一轉化必將大大地提高員工的工作效率。本書是 2021 年 4 月重新增訂第四版，內容大幅增加，更符合企業需求。

　　把規範化管理落實到部門，進而落實到部門的每一個崗位和工作上，是高效執行的務實舉措，唯有實行規範化管理，事事有規範，人人有事做，辦事有流程，工作有方案，才能提高企業的整體管理水準，從根本上提高企業執行力，增強企業競爭力。

　　將總務部門每件工作的標準確定下來，為績效考評提供了依據，也為每位員工的工作專案、操作流程、權責分明提供了依據，企業執行能力才能最終得到提升，企業的競爭力才能永續。

　　本書內容具體實在，適合人力資源部門經理、人事主管、總務部門主管及企業工作人員閱讀，是企業必備工具書。

2021 年 4 月增訂四版

《總務部門重點工作》 增訂四版

目　錄

第一章　總務部門的會議管理 / 11

　　會議是通過有目的、有組織地把眾人集合起來商議事情、佈置工作，達到解決問題並貫徹實施，是企業處理重要事務、實現決策的重要途徑；也是進行資訊溝通、協調各方面的重要手段，會議的質量如何，將直接影響到企業工作的成效。

第二章　總務部門的文書管理 / 33

　　在激烈的市場競爭，建立一套完整規範的文書管理制度，使

之系統化、科學化，提高工作效率，是每一個企業現代經營管理中的一項重要課題。文書管理因此也就成了企業行政辦公管理中的一項重要技能。

第三章　總務部門的檔案管理 ／ 59

檔案整理就是將零散的檔案材料進行歸檔分類、組合、排列、編目，組成有序體系的過程，促進檔案各環節良性互動和協調發展，進而能為檔案資訊資源的開發利用奠定重要基礎。對文件資料進行歸檔，其最終目的都是為了充分開發利用檔案資訊資源，從而使檔案真正能為公司發展服務。

第四章　總務部門的印章管理 / 75

印章是公司行使法律權利最重要的載體，在公司行政管理中佔有舉足輕重的地位，企業要保證正常工作秩序，就必須建立嚴格的印章管理和使用制度，確保印章的正確使用和監管，才能為各項工作有序進行提供可靠的保證。

第五章　總務部門的工作說明書 / 87

工作說明書是企業管理的一個工具，它是對崗位工作的性質、任務、責任以及工作人員資格條件的要求所做的書面記錄，它表明企業期望員工做些什麼、員工應做什麼、應怎樣做和在什麼樣的情況下履行職責的匯總。

第六章　總務部門的人事考勤管理/ 98

考勤工作目的在於建立對員工的日常約束和激勵機制，使員工形成自覺的紀律觀念，進而加強企業作為整體的凝聚力和戰鬥力，直接影響企業的生產經營秩序。

第七章 總務部門的出差管理 / 129

為了加強區域間的合作，出差活動是必不可少的。為了提高出差效率，行政部門必須制定出詳細的出差管理制度。出差、接待和禮儀方面的管理，對於行政部門樹立對外形象是十分重要的。其管理工作的成功與否與企業運行的效率、成本費用以及預算支出等是息息相關的。

第八章 總務部門的教育培訓管理 / 149

為配合公司發展目標，從業人員必須充實知識技能，發揮潛在智慧，以提高工作效率。通過實施技能檢定考試，提高各項作業技術水準，達到培育專門技術人員的目的。

第九章　總務部門的接待管理 / 165

　　現代行政管理需要面對大量的接待工作，接待不同身份的來訪客人需要採取不同的接待方式，禮貌、熱情、恰當地接待每一位來訪的客人，才會贏得客人的尊敬和信任。禮儀文化也是我們民族的一筆寶貴財富。在現代行政活動中，講究「禮儀」更是進行有效管理、確保日常工作規範化必不可少的。

第十章　總務部門的物品管理 / 187

　　在行政管理中，只有對辦公物品、設備和房產的管理有可行的制度保障，才能保證較高的辦公效率。簡潔、幹練、清晰、高效的辦公物品管理，會使整個公司的各工作處於井井有條的環境，為辦公效率的提高提供有力的保障。

第十一章　總務部門的設備和房產管理 / 210

合理正確地選用設備至關重要，能保證設備的正常運轉，降低設備的損毀程度，延長設備使用壽命，保持設備的性能，並減少或避免設備閒置造成的資源浪費，更要防止生產過程中意外事故的發生。

第十二章　總務部門的員工伙食管理 / 237

福利的提供，直接關係到職工的利益。有組織有計劃地支付給員工，是激發員工積極性的一種有效手段。

第十三章　總務部門的員工宿舍管理 ／ 248

　　宿舍是企業提供給員工的一種生活設施，對其進行有效管理有利於改善和優化職工日常生活條件，使其生活便利舒適，從而激發員工的積極性，推動企業的發展。對員工宿舍的管理，主要在平常的工作中時時、事事加以關注和及時解決出現的問題。

第十四章　總務部門的消防安全管理 ／ 268

　　消防管理關係著企業和員工的生命財產安全，是安全管理中的重要工作。企業在工作活動中往往存在著一些潛在的、不可預測的災情隱患，嚴重威脅著企業財產和員工的生命安全，因此安全工作在企業的管理中佔據著極其重要的位置。

第十五章　總務部門的清潔管理 / 284

企業要想在公眾中樹立良好的形象，提供舒適的工作環境，就必須做好清潔衛生工作，加強清潔衛生的區域化管理。

企業除了要做好清潔維護工作外，還必須加強衛生安全管理工作，保證工作環境的衛生及員工的身心健康。

第十六章　總務部門的門禁管理 / 294

安全防範工作中是不可少的，企業應根據財力和廠區實際情況，配備必要的安全防範設施。治安管理除了靠人力(治安管理人員)，技術設施防範也是很必要的。為了減少各類事故發生的隱患，約束企業員工的日常行為，共同做好企業區域的治安防範工作，企業應制定治安管理規定。

第十七章　總務部門的交通管理 / 316

車輛的使用與管理，代表著一個公司的形象。如何選擇適合公司的車輛，該注意那些問題，對提高公司形象非常重要。要使

車輛始終處於最佳運行狀態，發揮出最好的效益。

第十八章　總務部門的秘書管理 / 336

秘書是輔助高級經營幹部能最有效地且符合目的地進行其職務者。秘書要基於上司的立場、對事情的想法，去作判斷，秘書對接受命令的基本行動等都要熟知，並有付諸行動的能力。

第十九章　總務部門的辦公室 5S 活動 / 355

5S 即：整理、整頓、清掃、清潔、素養。辦公室推行 5S 活動遇到的首要問題就是文件和單據過多，通過 5S 活動的實施，逐漸達到統一的管理效果。充分地利用辦公室的空間，減少辦公用品的用量，節省經費，降低管理成本，提高工作效率。

第 一 章

總務部門的會議管理

1 瞭解會議的類型

　　會議是通過有目的、有組織地把眾人集合起來商議事情、佈置工作，達到解決問題並貫徹實施的公共活動方式；是企業處理重要事務、實現科學決策的重要途徑；也是進行資訊溝通、協調各方面關係的重要手段。因此，會議的質量如何，將直接影響到企業各方面工作的成效，總務部門就是要協助各種會議管理的有效運作。

　　會議管理是一個過程管理，它涉及到會前準備、會中事務處理、會後工作評估的全過程。所以，必須加強會議管理的統籌規劃，制定相應的規範，才能使會議圓滿成功。

　　會議的類型多種多樣。不同的會議其內容與功能也大相徑庭。選擇不同的會議方式應根據會議的目的或目標而定。同時，不同的會議類型對會議召開的時間、地點的需要也有所不同。

　　各種類型的會議，依其性質，雖由相關部門負責，但總務部門常居於重要的協助工作者。

　　所以，在我們考慮採用何種會議程序時，應該首先明白所籌劃的是什麼樣的會議。

1. 會議的類型：

　　⑴董事會會議。由公司董事會成員出席，定期召開。一般在董事會專用的會議室由董事長召集或由董事長授權委託的人召集，討論涉及企業發展的重大事項和戰略、政策等。

　　⑵公司股東年會。每年召開一次，由公司的股東就重大問題進行討論，表決通過董事會提交的事項，形成股東大會決議。

　　⑶管理人員會議。由公司經營決策層人員參加，討論解決企業經營管理的具體問題。

　　⑷研討會議。這一類型的會議目的是各部門收集資訊並進行務虛，在進行過程中應尤其注重開放式、民主式的意見交流與意見反饋。

　　⑸專業會議。在一定範圍內就某一具體領域的問題進行專題討論。

　　⑹員工大會。全體員工參加，一般由主發言人做主題報告。

　　⑺銷售會議。安排銷售工作、佈置銷售任務、總結銷售工作的專門會議。

　　⑻產品、成果發佈會。向消費者介紹及推廣某種新產品，或對某項成果予以宣傳、發佈。

　　⑼獎勵、表彰會議。表彰、獎勵工作出色的員工為主要內容的會議，是企業的一種重要的激勵手段。

　　⑽培訓會議。培養提高員工素質的專門會議，這一類會議的時間往往不止一天，需要時間、地點、人員集中。有時在培訓結束後還要

進行一定的考核。

2. 常見的例會

一般來說，在企業的各個部門中，每個月的例行會議，例會是最為常見的，以下是 15 種最常見的例會類型：

⑴企業規劃會議；

⑵資金會議；

⑶行政技術會議；

⑷降低成本會議；

⑸經營分析會議；

⑹質量分析會議；

⑺生產調度會議；

⑻產品對策會議；

⑼索賠會議；

⑽IMC 會議（經理人懇談會）；

⑾安全衛生管理會議；

⑿科（部）長會議；

⒀部門事務會議；

⒁班組會議；

⒂行政事務會議。

總之，職業經理人針對不同的情況，可以採用不同的會議類型。但會議的大體程序和需要注意的問題是基本相同的和可以相互借鑑的，這就要求經理人充分把握會議的共性和個性，使二者有機地結合起來。

2 會議前準備項目

會議管理作為一個過程管理，會前準備是其第一個步驟。總務部門若負責會會前準備工作，準備往往需要按照嚴格的程序進行。一般來說，企業的會前準備有以下工作：

1. 確定與會者

作為會議的主體，與會者的確定無疑是十分重要的。出於對會議成本的控制，應該控制與會者數量。但這種控制不以降低會議的目的和效果為代價。所以，確定與會者應該考慮以下因素：

(1)與會者是不是必要成員；

(2)與會者是否直接參與會後執行；

(3)與會者是否有利於會議目標的實現；

(4)與會者是否具有達成某項決議的能力；

(5)與會者是否能全身心地投入；

(6)與會者是否會對他人造成妨礙，從而影響會議的整體成效。

2. 選擇開會的時間

選擇合適的開會時間，確保與會者可以按時出席，積極參與，從而取得好的效果。因此，選擇開會時間應該考慮以下因素：

(1)調查瞭解與會者方便的時間段，儘量不打亂與會者原來的時間計劃安排；

(2)注意選準會議中心人物的最佳開會時間段，確保其能夠集中精

力，安心開會；

(3)開會時間儘量不要與企業重要的經營活動發生衝突，避免打亂企業正常的運行秩序，影響效益；

(4)儘量開短會，可以保證參會者精力旺盛，達到最佳的開會效果。

3. 選擇開會的地點

會場的選擇是否合適，會議地點的物質條件、環境氣氛等都會對與會者的情緒產生影響。而且，選擇會議地點還要考慮到硬體設施的條件。所以，應考慮：

(1)會址與參會人員距離不宜太遠；

(2)會場的環境是安靜的場所；

(3)會場有足夠的照明設施，並保持良好的通風及適宜的溫度；

(4)通訊聯繫方便，保證資訊流通順暢；

(5)會場的空間必須合適，過於空曠和過於狹窄都會影響會議效果。

4. 會場佈置

作為會前準備的重要內容之一，會場佈置應著重注意做好以下幾方面的工作；

(1)合理安排會場空間，既要便於與會者進出通暢，又要保持會場緊湊的格局；

(2)認真細緻地做好會議用品發放及設備的調試工作，登記清晰，管理統一。

(3)按照會議的性質和要求，正確安排會議座次，做到方便溝通和討論。其主要方式有以下三種：

①單向傳遞資訊會議的座位排列方式；

②雙向溝通交流會議的座位排列方式；

③多向溝通交流會議的座位排列方式。

5. 擬訂會議日程

擬訂會議日程,即擬訂會議的程序表,是為了讓與會者事先對會議有所瞭解,以便提前做好準備。

一般來說,會議日程由會議籌備部門提出草案,經會議主席審定後確定,包括:會議內容、討論事項、與會者姓名、會議的時間地點、會議事宜的時間分配等。

會議的日程安排必須考慮以下因素:

⑴優先安排重要或緊急的事項;

⑵合理分配各項議案及事項的會議時間,為重要事項留出充足的時間;

⑶會議議程不宜過於複雜,內容不宜過多;

⑷提前把會議日程通知與會者,並發送相關的資料,以縮短會議做出決策的時間,提高會議效率。

6. 會議通知

在確定了會議的議題、召開的時間、地點和場所等事宜後,應該及早印發會議通知。其內容應包括會議的時間、地點、出席人員、會議內容以及日程等,並且應提示與會者儘早給予明確答覆,或返還出席會議的回執,以便於統計與會者名單。

以上關於會議的相關介紹是職業經理人需要格外注意的,雖然非常瑣碎,卻能保證會議的成功與有效。

3　如何做好會前檢查

在會議的籌備階段及準備工作結束後，必須做出全面的檢查，以免出現疏漏，從而保證會議的質量和效果。所以，全面的會前檢查是會議管理必不可少的一部份。它主要包括以下兩個方面的檢查：

1. 會議籌備期檢查

(1)會議目的

① 本次會議是否確實需要召開？

② 開會的議題是否明確？

(2)會議事項

① 開會的時機、時間是否恰當？

② 開會的地點、環境是否合適？

③ 會議邀請的對象是否合適？

(3)會議通知

① 與會者是否已經得到通知？

② 是否已經將會議的宗旨、議題通知與會者？

③ 是否要求與會者事先準備有關資料？

④ 與會者是否已經就議題做好準備？

(4)會議準備

① 是否已經擬訂好會議議題的進行順序及會議時間的分配？

② 準備工作是否已經完全就緒？

③所準備的文件資料是否真實、準確？

④是否已經安排好了會議記錄？

⑤是否需要使用相關設備？

2.會議活動細節檢查

⑴活動的宗旨；

⑵活動的範圍；

⑶預算；

⑷招待對象的層次；

⑸總人數(查會議通知的回執)；

⑹活動的日期及時間(注意避免與其他同業的活動衝突)；

⑺活動天數；

⑻籌備單位；

⑼活動負責人；

⑽各項活動的明細分工表；

⑾會場的預定；

⑿製作來賓名冊(姓名、位址、公司名稱、電話、職銜等)；

⒀會議活動邀請函(在活動日期 2～3 個星期前寄達對方)；

⒁紀念品；

⒂交通工具；

⒃酬謝費；

⒄會場佈置；

⒅宴會的形式；

⒆飲料供應；

⒇煙酒；

㉑菜單的印刷；

(22)花飾佈置；

(23)園景製作；

(24)看板及標示板；

(25)拍照及攝像；

(26)會議桌的選擇；

(27)座位順序（是否突出主賓、是否便於會議交流）；

(28)胸章及名牌；

(29)服務員的著裝；

(30)新聞報導（文字及攝影）；

(31)資料的收發；

(32)住宿安排；

(33)特設專用櫃檯；

(34)費用支付（住宿、餐飲、電話費等）；

(35)用餐安排；

(36)服務櫃檯的工作；

(37)節目表演的總預算；

(38)新的工廠、公司落成的慶祝喜宴；

(39)展覽展示；

(40)全部活動費用。

　　總之，會前檢查作為行政管理的重要一環，是職業經理人義不容辭的工作內容，對其應予以充分地關注，並在相關工作中切實予以貫徹落實。

4 如何處理好會中事務

在會議進行的過程中，往往有許多會務工作需要處理。而這些會務工作的質量高低，會直接影響到會議的進程和效率。

可以說，處理好會中事務是會議管理的最重要環節，它為會議的成功進行提供了條件和保證。會務工作包括以下幾個方面：

1. 會議簽到

會議簽到是為了準確及時統計會議的出席人數。一般來說，與會者進入會場都要簽到。並且，有些會議只有在達到規定的人數後才能召開。而準確及時的人數統計也為會議工作的有序安排提供了方便。

會議簽到一般形式有：

⑴簿式簽到。簿式簽到是指與會者在專門準備好的簽到簿上簽名，表示到會。一般來說，簽到簿應包含姓名、職務、單位等內容。採用簿式簽到的方法，名單容易保存，方便查找，可廣泛應用於小型會議。而對於大型的會議來說，簽到的人數眾多，容易擁擠，簿式簽到則不太方便。

⑵卡式簽到。卡式簽到是指工作人員事先把簽到卡分發給每位與會者，與會者在卡上寫好自己的名字，在進入會場時交給工作人員，表示到會。一般來說，簽到卡應註明會議名稱、時間、地點、座位號等內容。卡式簽到較為方便，不會造成簽到時的擁擠，但是，往往不方便查找人員。一般多用於大中型會議。

⑶電腦簽到。隨著科技的發展，電腦簽到這一先進手段更多地被應用。採用這種方式，與會者只需在到場時將特製的卡片放入簽到機內，電腦就會將與會者的姓名、號碼等資訊傳到會場的主機，即刻完成簽到。同時，將簽到卡退還本人。電腦簽到有著準確、快速的優點，已更多地被一些大型會議所採用。

此外，還有一些簽到方式，大多根據會議的實際需要而運用。總之，會議簽到是為了精確統計會議人數，保證會議能夠順利進行，必須予以重視。

2. 會場服務

會場服務的好壞直接關係到會議能否有序進行，好的會場服務是會議順利進行及圓滿結束的必要條件。會場服務工作的內容比較多，主要包括以下幾點：

⑴引導座位。大多數會議的與會者座位都是事先安排好的，要求與會者對號入座。同時，工作人員要引導對會場不熟悉的與會者入座。一般情況下，為了方便管理與交流，往往安排以部門為單位集中就座。在一些大型會議中，由於會場較大，與會者人數較多，為了做好座位引導工作，可以在會場設置指示標記，或印製會議的座次表。以便引導與會者快捷、方便地入座。

⑵分發會議的文件資料。會議中往往有文件和材料需要分發給與會者，這就需要工作人員及時地將其送到與會者手中。文件資料的分發有兩種形式。會前分發：一般在與會者入場時，由工作人員在入口處分發；也可以在開會之前在每位與會者的座位上放一份文件材料。會中分發：在會議進行期間根據會議進程的需要，由工作人員將文件資料分發或收回。有些會議的文件資料需要收回，一般應在文件的右上角寫明收回時間，以及由何人收回。收回的時候應予以登記，以免

發生錯漏。

⑶維持會場秩序。在會議進行的過程中，為了防止混亂的發生，阻礙會議的正常進程，一般需要有工作人員維持會場秩序，禁止無關人員入場，保證會場的安全。在發生意外的時候，應及時做出有效的反應，制止發生的無序情況。

⑷資訊傳遞。在會議進行的過程中，會場往往與外界是隔絕的，需要會議工作人員傳遞資訊，進行內外的聯繫，將一些緊急情況傳達給與會者。但是，在資訊的傳遞過程中，工作人員必須保證對會議內容的保密，防止洩密。

3. 會議記錄

會議都需要有記錄，會議記錄包括兩個部份：第一部份是記錄會議的組織情況，包括會議的名稱、時間、地點、與會人員等；第二部份是記錄會議的內容，包括會議的議題、發言情況、通過的決議、決定等。會議記錄至關重要，它是會議內容和進程的客觀記載，同時，也是重要的檔案資料。既為撰寫會議簡報和會議紀要提供了材料，又為日後檢查會議的執行情況提供了依據。所以，必須認真地做好會議記錄。會議記錄有以下兩種方法：

⑴摘要記錄。摘要記錄就是摘錄要義，記錄會議的重點。例如發言者的發言要點、會議的決議等。摘要記錄要求合理取捨，簡明扼要，重點突出。用簡捷的語言準確地表達會議的真實意思。因此，對記錄人員素質的要求較高，不僅需要有速記能力，還得有較高的分析和語言概括能力。

⑵詳細記錄。詳細記錄是按照發言人原話的方式，不加任何改動或概括，準確完整地記錄會議的所有內容。這就對記錄的速度有極高的要求。所以，為了更加詳細及時地記錄會議內容，記錄人員往往運

用一些速記符號。而現代化的會議記錄，更多地使用答錄機、速錄機等設備進行記錄。

總之，會議記錄要求真實、準確。這就要求記錄人員對會議記錄的工作態度必須認真，技能必須熟練，瞭解會議宗旨，具有較高的專業素質，才能勝任會議記錄工作。

會中事務，事無巨細，任何一個小小的紕漏，都有可能給會議造成無法彌補的損失，職業經理人千萬不能疏忽大意。

5 如何做好會後工作

一個會議要取得真正的成功，不僅取決於會議過程的順利與否，更在於會議的決議和精神是否真正被貫徹執行。因此，在會議結束之後，仍有許多總結和落實的工作需要認真去做。否則，會議就變成了紙上談兵，沒有任何實際的指導意義。

一般來說，會後工作有以下幾個方面：

1. 會務工作總結

會務工作總結往往以總結會的形式進行。對會議組織及服務工作的全過程進行總結，找出其中的漏洞與不足，從中吸取經驗教訓，避免再次犯錯。同時，對會議工作人員進行表彰與鼓勵。

2. 會議簡報

會議簡報是為了方便交流情況。因此，要求簡報要真實地反映會議的內容，並且做到文字簡練，篇幅短小，著重反映會議中的重要問

題。簡報的印發數量和發送範圍應視需要而定。應對會議簡報進行編號，以便於分類歸檔。

通常會議簡報有兩種寫法：一是指導式寫法。即採用新聞報導的形式反映會議情況，從會議中選取有價值的內容。二是轉發式寫法。即直接登載某些會議的發言，在前面配發一定的按語或評論，以強調轉發內容的指導意義。

3. 會議紀要

為更好地貫徹執行會議精神，會議結束後，通常要根據會議宗旨和精神撰寫會議紀要印發給有關部門。會議紀要必須反映會議的真實意思，不應摻雜個人的主觀意見。同時，會議紀要必須簡明扼要，語言精練概括，內容全面、條理清晰、主次得當。

會議紀要是為宣傳、貫徹會議宗旨服務的。所以，撰寫者必須準確理解會議宗旨，把握會議的精神實質，並貫穿於紀要的始終。一般來說，撰寫者應該參加會議的全過程。這樣便於他理解會議精神，消化會議內容。

會議紀要一般可分為兩部份：

第一，簡述會議情況，包括會議的時間、地點、與會人數、會議目的、討論結果等。

第二，闡述會議的主要精神，所討論的主要問題，做出的正式決定等。這是會議紀要的主體，往往要對會議的原始記錄進行提煉、選擇。

會議紀要寫完之後需要經過有關人員的審核，審核通過後及時發給有關部門。印發會議紀要的方式有兩種：一是全文印發，二是摘錄需要的部份印發。所以，應視不同情況採用恰當的方式。

如果會議紀要的內容具有機密性，應註明密級。並且印發紀要編

制序號，以便歸檔保存。

4. 文件資料的收退

一般來說，會議文件需要退回有以下幾個原因：

其一，一些文件內容有高度機密性，為防止洩密，不宜擴散；

其二，一些文件屬於參考性質，與會議的精神並不完全相符，如果擴散會影響會議精神的準確傳達；

其三，一些文件記錄了與會人員的即席發言，不宜擴散。

文件資料的收退有多種方法，在一些小型的日常會議中，如與會者之間比較熟悉，可直接口頭交代，進行文件的收交。而召開一些大型的會議往往事先開具文件資料的清單，由工作人員分發給與會者，要求在會後按照清單將文件資料退回。

5. 上次議定事項的檢查催辦

議定事項的檢查催辦是會後工作的關鍵環節，它可以保證會議的精神真正落到實處。而且它還有利於會後資訊的及時反饋。

一般來說，議定事項的檢查催辦應設置專人負責，並制定相關的登記及彙報制度。檢查人員可以用電話催辦、發放催辦通知單或親自檢查催辦。在檢查催辦的同時，應隨時向有關主管彙報相關情況並接受指導。

總之，會後工作是會議管理的收尾工作，看似可有可無，實際上卻非常重要。經理人在對會後工作進行管理過程中，一定要注意上文列舉的諸多注意事項。

6 會議管理制度

第 1 章　總則

第 1 條　目的。為了使公司的會議管理工作規範化、有序化，減少不必要的會議，縮短會議時間提高公司會議決策的效率，特制定本制度。

第 2 條　適用範圍。本制度適用於公司內部會議管理。

第 2 章　會議組織

第 3 條　公司級會議，指公司員工大會、全公司技術人員大會及各種代表大會，應經總經理批准，由各相關部門組織召開，公司主管參加。

第 4 條　專業會議，指公司性的技術、業務綜合會，由分管公司主管批准，主管業務部門負責組織。

第 5 條　各工廠、部門、支部召開的工作會由各工廠、部門、支部主管決定並負責組織。

第 6 條　班組(小組)會由各班組長決定並主持召開。

第 7 條　上級或外單位在公司召開的會議(如現場會、報告會、辦公會等)或公司之間的業務會(如聯營洽談會、用戶座談會等)一律由公司組織安排，相關部門協助做好會務工作。

第 3 章　會議管理

第 8 條　會議準備。

1. 明確參會人員。

2. 選擇開會地點。會場環境要乾淨、整潔、安靜、通風、照明效果好、室溫適中等。

3. 會議日程安排。要將會議的舉辦時間事先告知與會人員，保證與會人員能準時參加會議。

表 1-6-1　　會議日程安排表

會議日期	時間	地點	內容	備註

4. 會場佈置

一般情況下，會場佈置應包括會標（橫幅）設置、主席台設置、座位放置、台卡擺放、音響安置、鮮花擺設等。會場佈置和服務如有特殊要求的按特殊要求準備。

5. 會議通知

會議通知應包括參加人員名單、會期、報到時間、地點、需要準備的事項及要求等內容。

表 1-6-2 會議通知單

召開會議部門		會議組織部門	
會議召開時間			
會議結束時間			
會議議題			
參會人員			
參會人員的相關準備工作			
注意事項			
會議組織部門聯繫方式			

第 9 條　會中管理。

1. 人員簽到管理

會議組織部門或單位應編制「參會人員簽到表」，參會人員在預先準備的「簽到表」上簽名以示到會。

2. 會場服務

會場服務主要包括座位引導、分發文件、維護現場秩序、會議記錄、處理會議過程中的突發性問題等內容。

會議記錄人員應具有良好的文字功底和邏輯思維能力，能獨立記錄並具有較強的匯總概括能力。會議記錄應完整、準確，字跡應清晰可辨。

第 10 條　會後管理。

1. 會後管理主要包括整理會議記錄，形成紀要和決議等結論性文件，檢查落實會議精神，分發材料，存檔及會務總結等工作。

2. 會議記錄人員應在＿＿＿個工作日內草擬會議紀要，經行政部主管審核後，由會議主持人簽發。會議紀要應充分體現會議精神，並具有較強的可操作性。

第 4 章　會議安排

第 11 條　為避免會議過多或重覆，公司經常性的會議一律實行例會制，原則上按例行規定的時間、地點和內容組織召開。

表 1-6-3　會議內容說明

會議類型	內容
總經理辦公會	研究、部署行政工作，討論決定公司行政工作的重大問題；總結評價當月的生產行政工作情況，安排佈置下月的工作任務
經營管理大會或公司員工大會	總結上季(半年、全年)的工作情況，部署本季(半年、新年)的工作任務，表彰、獎勵先進集體和個人
經營活動分析會	彙報、分析公司計劃執行隋況和經營活動成果，評價各方面的工作情況，肯定成績，指出問題，提出改進措施，不斷提高公司的效益
品質分析會	彙報、總結上月產品品質情況，討論分析品質事故(問題)，研究決定品質改進措施
安全工作會	彙報、總結上季安全生產、治安、消防工作情況，檢查分析事故隱患，研究確定安全防範措施
技術工作會	彙報、總結當月技術改造、新產品開發、科研、技術和日常生產技術準備工作計劃完成情況，佈置下月技術工作任務，研究確定解決有關技術問題的方案
生產調度會	調度、平衡生產進度，研究解決各部門不能自行解決的重大問題
各部門例會	檢查、總結、佈置本部門工作

第 12 條　其他會議的安排。

1. 凡涉及多部門負責人參加的會議，均須於會議召開前＿＿日經部門或分管公司批准後，插辦公室匯總，並由公司辦公室統一安排，方可召開。

2. 行政部每週六應統一平衡編制《會議計劃》並裝訂，分發到公司相關部門。

3. 對於已列入《會議計劃》的會議，如需改期或遇特殊情況需安排其他會議時，會議召集部門應提前＿＿天報請行政部並經公司同意。

4. 對於參加人員相同、內容接近、時間段雷同的會議，公司有權安排合併召開。

5. 各部門會期必須服從公司統一安排，各部門小會不應安排在與公司例會同期召開（與會人員不發生時間衝突的除外），應堅持小會要服從大會、局部服從整體的原則。

第 5 章　會議注意事項

第 13 條　會議注意事項。

1. 發言內容是否偏離議題。

2. 發言目的是否出於個人利益。

3. 全體人員是否專心聆聽發言。

4. 發言者是否過於集中針對某些人。

5. 某個人的發言是否過於冗長。

6. 發言內容是否朝著結論推進。

7. 在必須延長會議時間時，應在取得大家的同意後再延長會議時間。

第 14 條　召開會議時需遵守如下要求。

1. 嚴格遵守會議時間。

2. 發言時間不可過長（原則上以＿＿＿分鐘為限）。

3. 發言內容不可對他人進行人身攻擊。

4. 不可打斷他人的發言。

5. 不要中途離席。

第 6 章　會議室日常管理

第 15 條　會議室由行政部指定專人負責管理，統一安排使用。

第 16 條　各部門若需使用會議室，需提前向行政部提交申請，由行政部統一安排。

表 1-6-4　會議室使用申請表

申請使用部門：					
日期	召開會議時間	會議名稱	主持人	參會人數	備註
行政部意見					

第 17 條　各部門在使用會議室的過程中，要注意保持衛生，禁止吸煙，愛護室內設備。

第 18 條　未徵得公司同意，任何人不得將會議室內所使用的設備、工具、辦公用品拿出會議室或挪作他用。

第 19 條　會議室的環境衛生由行政部派專人負責，在每次會議召開前後均要認真打掃，並做好日常清潔工作。

第 20 條　會議室使用完畢後，應隨時關閉門窗和全部設施設備電源，切實做好防火、防盜及其他安全工作。

第 21 條　會議室的鑰匙由行政部派專人管理。

第七章　會議保密

做好會議現場的保密工作，應嚴格執行企業保密規定，嚴格執行保密紀律，制定一整套的保密措施。

(1)會議的文件要準確地劃分保密等級，必要時可規定只能在會場內閱看，離開會場時收回。

(2)應注意檢查會場上擴錄音設備及通信線路，防止洩密。

(3)對與會人員，特別是現場服務人員應嚴格限制，加強保密紀律和保密觀念教育。

(4)印表機、傳真機等印廢的會議文件及底稿，應指定地點存放，妥善保管，在會後或在一定時間內指定專人銷毀。

如果所開展的會議是機密會議，比如產品鑒定會的內容屬於公司的研發機密，會議的保密工作就顯得十分重要。

第 8 章　附則

第 22 條　行政部負責本制度的起草工作。

第 23 條　總經理負責本制度的核准工作。

第 24 條　本制度自頒佈之日起實行。

第 二 章

總務部門的文書管理

1 設置文書管理的責任單位

企業想要運行高效，必須有一個合理的企業部門的設置。只有分工到位，才能形成統一化、專業化的管理模式，做到企業上下圍繞企業目標共同努力，協調一致，總務部門是扮演對內對外的總收發部門。

1. 對內對外的總收發部門

總公司各部門與外界來往文書的收發由總務部門統一辦理，各公司（工廠）所在地的總收發由其所屬總務部門辦理；總收發部門負責文書的收受及發送。

2. 管理部門

由於各個部門的管理分工不同，依照其不同的職能特點，可以讓它們擔當不同的管理任務。例如：各公司總經理室或管理處，負責管理各部、室、中心及以公司名義與外界來往的文書；各業務部門的最

高主管部門，負責管理營業、採購、法律、服務、訓練等業務部門的文書；各公司(工廠)經理室或管理處(或總務部門)，負責管理其所在地域與外界來往的地區性文書；各分公司、部門間的來往文書，原則上以廠、處、部、室部門為管理部門。

3. 主辦及會辦部門

⑴資料需報送工廠主管機構的，由各公司總經理室或獨立廠區的管理部門主辦，由法律事務室會辦。

⑵資料需報送外匯貿易主管機構的，由資材部主辦，由法律事務室、財務部會辦。

⑶資料需報送新聞媒體的，由秘書室主辦，但是如果資料涉及公司業務政策事項，應先報告董事長核定後才能對外發佈。

⑷資料需報送股東及一般性客戶的，由公司總經理室主辦，但編印前必須先會晤法律事務室。

⑸資料需報送金融機構的，由財務部主辦；需報送稅務主管機構的，由各公司會計處主辦；需報送商業及證券主管機構的，由各公司總經理室或證券辦主辦。

總而言之，資料報送部門的分類和設置，一定要本著必要和有限的原則，在此基礎上，確定文書管理部門設置和工作流程。

表 2-1-1　檔案管理現況檢核表

部　　課　　　　　　　調查日期：　　年　月　日

檢核項目	評價
檔案櫃外觀檢核：	5　4　3　2　1
1. 抽屜的檢索是否容易瞭解？	☐ ☐ ☐ ☐ ☐
2. 檔案櫃上有無放置文件、物品等雜物？	☐ ☐ ☐ ☐ ☐
抽屜內部檢核(全部檢查)：	5　4　3　2　1
1. 有無私物放置其中？	☐ ☐ ☐ ☐ ☐
2. 文件是否一件一件堆積起來？	☐ ☐ ☐ ☐ ☐
3. 有無使用紙夾(是否裝在牛皮紙袋)？	☐ ☐ ☐ ☐ ☐
4. 紙夾有無標題供檢索？	☐ ☐ ☐ ☐ ☐
5. 紙夾標籤是否分色？	☐ ☐ ☐ ☐ ☐
6. 有無裝得太滿的紙夾(一紙夾以 1～2cm 為限)？	☐ ☐ ☐ ☐ ☐
7. 有無適當的間隔(5～10 張放一間隔板)？	☐ ☐ ☐ ☐ ☐
紙夾內部檢核(抽樣調查)：	5　4　3　2　1
1. 同一紙夾內有無正本、副本重覆歸檔？	☐ ☐ ☐ ☐ ☐
2. 有無其他文件夾雜其內？	☐ ☐ ☐ ☐ ☐
3. 是否雜亂無章？	☐ ☐ ☐ ☐ ☐
「檔案基準表」的檢核(抽樣調查)：	5　4　3　2　1
1. 有無「檔案基準表」(檔案基準表是檔案管理系統的基礎)？	☐ ☐ ☐ ☐ ☐
2. 有無定期修訂？	☐ ☐ ☐ ☐ ☐
3. 是否遵照基準表的規定移轉、移動、銷毀？	☐ ☐ ☐ ☐ ☐
檔案管理規定的檢核(聽證與觀察)：	5　4　3　2　1
1. 部、課、室有無檔案管理規定(作業標準)	☐ ☐ ☐ ☐ ☐
2. 規定是否明文規定，且公告週知。	☐ ☐ ☐ ☐ ☐
3. 辦理中的文件，有無暫時保管規定？	☐ ☐ ☐ ☐ ☐
綜合評價：	5　4　3　2　1
1. 是否為易於檢索的檔案管理系統？	☐ ☐ ☐ ☐ ☐
2. 承辦人以外的人也容易瞭解檔案嗎？	☐ ☐ ☐ ☐ ☐

評價基準：5 大致完全　4 整體良好　3 好壞不齊　2 缺點過多　1 完全不行

2 如何收發文書

　　在現代社會，各種資訊的及時交流變得越來越重要，面對各種文書紛至逿來，文書管理人員如何才能避免手忙腳亂，需要掌握熟練的文書收發技巧。

1. 文書收發部門

　　文書收發工作，一般企業都會讓總務部來負責。有些還特別要求總務部文秘室進行統一接收處理。公司各部、處、室都要設文書負責人，負責本部門內文件的分發、保管工作。在文書管理部門還須設立一名信使，負責在各部門之間傳遞各類文書，以使文書在各部門順暢流通。

2. 文書收發要求

　　⑴一般文書在啟封後，分送各部門、科室。

　　⑵私人文書不必開啟，直接送收信人。

　　⑶送各部門、科室的文書若有差錯，必須立即退回到文書收發部門。

　　⑷啟封後，編上文書的收發編號，註明收發編號和收發日期。

　　⑸文書當事人必須簽名蓋章領取文書。

　　⑹絕密文件或親啟文書，必須直接送交當事者，由文書當事者開封與處置。

　　⑺文書中夾帶的所有附加物品，必須原樣送到當事人手中。

3. 需登記的文書

⑴在一般文書或送交部門的普通文書中,如果判定或者未開啟也能判斷是重要文書或者夾有重要物品的文書要登記。

⑵專人傳遞送達的文書要登記。

⑶標有「絕密」類或親啟類字樣的文書要登記。

4. 規定時間以外的文書收發

在制度工作時間外接到文書,如果值班人員能夠判定是緊急重要的文書,或者直接寫給公司高層的文書,應該立即通知秘書室主任;其他次重要文書,只需通知收發室的主任按其指示處理。

總之,文書的收發是個具體過程,需要注意大量細節,必須明確程序和各個步驟,如此才能有條不紊,使收發工作有序運行。

3　如何處理文書

在企業文書的日常管理活動中,每一天,管理人員都要接到許多不同種類的文書,它們各自都起著自己特殊的作用,可以說都很重要。

文書管理人員要有慧眼識珠的本領,善於分析各類文書在特定時刻、特定場合對特定經理人的重要程度和優先程度,以便採取不同的方法對其處理,進行分類,真正提高文書管理效率。

1. 文書處理原則

文書的審閱、回覆、照會以及其他必要的處理由科長以上級別的主管負責,或者由其指定其下屬進行具體處理。工作過程中遇到重要

事宜要立即向上級主管部門報告,按上級指示辦理。文書內容涉及到其他部門或必須經過其他部門配合才能完成的,應與對方達成一致以後才能行事。

2.重要文書處理

機密文書原則上應該由當事人自行處理。親啟文書信封上一般註明文書所涉及事項的要點,註明發文者姓名,由發文者緘封,原則上應該由信封上所指名者開啟,其他人不得擅自處理。

3.成文

凡是重要的往來交涉,都必須形成「文書」或形成記錄。對那些並不重要的事項,或者通過電話、會面等簡單形式處理的事項,只需要事後將處理結果的要點記錄下來即可。

4.防止拖延

文書處理過程中很容易出現延遲或停頓的現象,文書管理部門有責任督促其他有關部門及時處理文書指定的事項,以防止文書被擱置在一邊的情況發生。一旦拖延的情況發生,應立即交文書管理部門將文書催回,再做相應處理。

總之,文書處理的每個環節都應該堅持「準確」、「及時」的原則,並且明確文書處理的責任者。

4 如何進行文書的行文

在日常行政管理過程中，企業會面對各種各樣的對象，發文對象的不同，決定了文書寫作方式的不同，文書寫作絕不能夠千篇一律。就如同在不同的場合我們會有不同的著裝，見到不同的人說不同的話的道理一樣。

1. 公文類別

⑴公告：就主管業務向公眾或特定對象宣佈時使用。

⑵公函：發佈規章或臨時性規定及對機關團體、公司行文或公司與公司之間及公司內各部門間行文使用。

⑶便函：在企業、部門間或企業內各部門間業務接洽時使用。

⑷簽呈：下級對上級請示或報告時使用

⑸表格式公文：政府機關規定的表格式公文及公司人事令等，可依實際需要印為固定格式使用。

⑹其他：司法文書依司法部門規定程序實施；合約文書依法律、法規的規定實施；會議記錄及例行報表等不必行文；業務處理須以電報行文時必須使用電報。

2. 行文許可權判別

行文時名義不同，署名就會不同，如何判別這些署名的正確性呢？這就要求需要劃分不同的許可權。

如何行文，是企業進行文書管理時所面對的首要問題，只有行文

方式選擇正確，文書管理才能夠順利進行。

⑴以董事長署名行文者,應送總管理處總經理室轉呈董事長審核執行。以總經理署名行文者,應送公司總經理室轉呈總經理審核執行。

⑵以公司名義蓋用公司公章行文者,應由經理級人員執行。

⑶總管理處各部室、中心代表公司對外行文須由該部門經理執行,以事業部經理署名行文者,送經理室轉呈經理審核執行。

⑷以部門名義行文者,應由部門主管執行。

⑸因專案業務需要如進出口、稅務、關稅、勞保、投標等使用公司名義須蓋用董事長或總經理的業務專用章者,行文時應由該業務主管部門主管在授權範圍內經核准後方能蓋用。

⑹固定格式行文,應由署名的主管對原稿審核後,授權業務主辦部門主管依式行文。

總之,文書行文有著特定的規範,寫作者必須遵守這些規範,這樣才能使文書合理,能準確發揮作用,減少不必要的麻煩。

5　如何整理保存文書

企業每天都要面對不同的事情，都需要不同的文書，這就意味著每一天都會有許多已被使用過的文書失去它現有的價值，但是文書的使用絕對不是一次性的，目前暫時的不再使用，絕對不意味著今後不再使用，從此可以把使用過的文書丟棄。這就涉及到文書的整理和保存的問題。

1. 文書整理

⑴文書的編寫符號：表示部門名稱的符號，用部門名稱的第一個漢字，如總務處文秘科，用「總、文」表示。

各種文書按先後順序用自然數排序編號。

文書類別用「絕密」、「機密」、「秘密」等表示。

同一名稱的文書，追加一組自然數，用「—」隔開，例如，「總、文秘密—002」。編號按年度更新。

⑵文書的編寫符號都必須填寫在「文書登記簿」上，以有利於管理。

⑶文書整理：將大部份沒有必要查詢與翻閱的文書和另一類需要經常查閱的文書分門歸類，區別對特。

2. 文書保管

文書整理之後，一些為數不多的重要文書，在一定的期間內可能還留在責任部門、科室。而大量的不重要的文書可以直接送總務科進

行保存。所有失效的文書，都必須最終移交總務科，並且在「文書保存簿」上做好登記，歸檔保存。

(1)文書的保管年限

①永久保存文書：包括章程、股東大會及董事會議議事記錄、重要的制度性規定；重要的契約書、協議書；股票關係文書類；重要的訴訟關係文書；重要的政府許可證書；有關公司歷史的文書；決算書和其他重要的文書。

②保存十年文書：包括請求審批提案文書；人事任命文書；獎金薪資與津貼有關的文書；財務會計賬簿、傳票與會計分析報表；不在永久保存範圍的重要文書。

③保存五年文書：指不需要保存十年的次重要文書。

④保存一年文書：指無關緊要或者臨時性文書。如果是調查報告原件，則由所在部門主管確定保存年限。

(2)重要文書的保管

全部重要的機密文書，一律存放在保險櫃或帶鎖的文書櫃中。

(3)保存期滿以及沒有必要繼續保存的，經主管部門決定，填寫廢除理由和日期後予以銷毀。

(4)職能部門變更或者做出調整，則必須在有關登記簿上註明變更與調整的理由以及變更與調整後的效果。

(5)對於重要文件的借閱，必須出具借閱證明。

總之，文書的整理工作是文書管理的重要一環，經理人在面對這樣的工作時，一定要細緻入微，做好每一個細節，以求避免因為小疏漏而帶來大錯誤。

表 2-5-1　檔案管理自我診斷表

類別	問　題	自我診斷
內部文書	1. 是否統一從左到右橫寫？ 2. 有沒有使用薄紙？ 3. 用紙規格，是否依 A 系列 B 系列規格？	
組織與制度	1. 有文書管理與服務的專責部門嗎？ 2. 各部門保管常用文件時，有無負責人？ 3. 文書負責人、檔案管理人有充分訓練與研究嗎？ 4. 有無採用文書集體分配系統？ 5. 往來文件有無追蹤的系統？ 6. 文書管理規定完備嗎？ 7. 規定是否實用？是否遵照辦理？ 8. 文書管理對象包括全公司所有的記錄否？	
分類與整理	1. 分類法是否依據區分原則而定？ 2. 實際歸檔是否遵照分類嚴格辦理？ 3. 有分類之餘地供陸續增加的工作嗎？ 4. 檔案利用度在 10%以上嗎？（20%屬於優良） 　　利用度＝利用次數（在一週內）÷保管文憑的數量 　　（5%以下者屬死藏檔案） 5. 歸檔錯誤的情形是否超過 1%？（0.5%以下屬優良） 　正確度＝無法找到的文件數量÷應該找出的文件數量 　　（3%以下者應注意） 6. 所有文件的調閱能於 2 分鐘內調到嗎？ 7. 一個問題一個檔案的區分法可行嗎？ 8. 同一文件的副本有無歸於兩個檔案？ 9. 文件以外的東西有否混入堆積檔案內？ 10. 堆積檔案有無索引？ 11. 有無使用專用的檔案索引？ 12. 各個抽屜內檔案分配均勻否？ 13. 索引是否恰當？ 14. 有沒有空檔案夾雜其中？ 15. 檔案中有無超過 100 張以上的文件？ 16. 檔案內的文件有沒有裝訂？ 17. 檔案有沒有標籤？	
移銷轉與毀	1. 有沒有定期移轉檔案，手邊只留常用的文件？ 2. 移轉的檔案是否集中一處，可隨時供調閱？ 3. 所有文件有無銷毀基準（保存年限）？	

表 2-5-2　文書整備示範檢核表

(1)重要文書的管理狀況

項　目	評價		
	○	△	×
①重要文書由主管選定的嗎？			
②緊急攜出時，有無向保全部門登記？			
③保管庫貼有器具標籤與「緊急」標籤嗎？			
④各個檔案及紙夾上，有重要文書標示嗎？			
⑤文書處理方法良窳如何？			

(2)事務處理指導整備狀況

項　目	評價		
	○	△	×
①有一定的事務處理指導單嗎？ ‧ 共同事務指導單 ‧ 特定事務指導單(有些部門沒有) ‧ 課內事務指導單			
②共同事務指導單上的目次與各指導單是否相符？			
③如有特定事務指導單時，目次是否與各個指導單相符？			
④課內事務指導單的目次與各個指導單是否相符？			
⑤各種事務指導單(共同、特定、課內)是否為使用目次，而容易保管的體制？			
⑥課內事務指導單中，有關課內日常業務的指導單，其製作與準備是否充分？			

⑶承辦人的懸案文書管理

項　目	評價		
	○	△	×
①各承辦人的懸案文書，是否都徹底加以管理？（懸案文書應置紙夾內放右邊最下面一個抽屜）			
②紙夾標題是否任何人一看即懂？			
③是否利用索引來分類整理？			
④各紙夾內文書量是否恰當？（每一紙夾應在 20mm 以下）			
⑤調閱用索引有沒有準備？			

⑷文書保管與文書保存的管理

項　目	評價		
	○	△	×
⑴有無訂定課內檔案管理實施要領(課內事務指導單)			
⑵檔案內有無檔案一覽表及檔案架、桌子等的佈置圖？使課內文書保管狀況可一目了然？			
⑶檔案一覽表有無漏記情形？(如保存年限等)			
⑷檔案一覽表是否明示保管文書(辦公室)與保存文書(書庫)的區分？			
⑸檔案一覽表的分類方法(大、中、小)是否恰當？			
⑹檔案一覽表上的收容場所與各個檔案及紙夾收容場所是否相符？			
⑺檔案一覽表上分類號碼與各檔案、紙夾上的分類號碼是否相符？			
⑻器具類有無標籤？			
⑼器具類的使用恰當嗎？(書架放檔案、硬殼紙夾，檔案櫃放檔案)			
⑽檔案有無以目次、硬紙分隔整理？			
⑾檔案有無以檢索索引分類整理？			
⑿檔案、紙夾上都編上分類號碼了嗎？			
⒀檔案櫃內有無調閱卷宗索引？			
⒁檔案內文書適當嗎(每一檔 20mm 以內)？			
⒂書庫內是否整理得整齊？			
⒃書庫內紙箱上，有無貼上內容文件保存單、資料名稱、保存年限等？			

6 文書管理辦法

一、收文

1. 外來文件的收文由公司總務部、總務課承辦（直接寄到各部廠的外來文件由各部廠管理單位收文）。

2. 內部創文文件由公司總務部總務課收文。

3. 外來文件收文時，由總務課依「公文編號辦法」編號（如次頁）登入「收發文登記簿」（見表 2-6-1）。

表 2-6-1　收發文登記簿

收文				
月/日	文號	來文單位	事由	簽收
發文				
月/日	文號	來文單位	事由	簽收

4. 內部創文文件收文時，由各部廠編號及填寫「公文會簽單」（見表 2-6-2）後，送總務課登入收發文登記簿。

表 2-6-2 公文會簽單

發文單位			發文文號			發文日期		年　月　日	
時限	普通件	速件	最速件	機密等級	普通件	密件	機密	極機密	
事由									
會簽順序		單位	交辦時間			交出時間			秘書室轉呈時間
	1		月	日	時	月	日	時	月 日 時
	2		月	日	時	月	日	時	總經理
	3		月	日	時	月	日	時	批示時間
	4		月	日	時	月	日	時	月 日 時

二、創文

1. 各部廠根據業務需要書寫「簽呈」(見表 2-6-3)時，需在簽呈上編列文號，並需填寫公文會簽單，註明本案擬會簽的部廠單位後送總公司總務課登記處理。

2. 部廠內部文件，可視狀況不必使用簽呈單方式處理，只要能記載清楚，簡單明瞭即可，且不必送總公司登記。

表 2-6-3　公司簽呈單

機密等級		發文單位	協理核轉			批示
極機密		發文單位	秘書室核轉			
普通		日期	部廠主管	事由	會簽意見	
時限						
最速件						
速件		文號				
普通			課長			
			簽辦人			

三、分文

1. 總務課收文登記後，則根據業務性質、公文送各有關部廠處理。

2. 內部創文的簽呈收文登記後，則根據簽呈內容性質，公文送有關單位會簽處理。

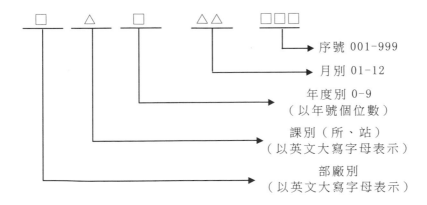

序號 001-999

月別 01-12

年度別 0-9
（以年號個位數）

課別（所、站）
（以英文大寫字母表示）

部廠別
（以英文大寫字母表示）

四、會簽

1. 各單位收到會簽的簽呈時,須本著本單位的職責立場表達對本案簽呈的客觀研判意見,並儘量提供相關資料供上級人員參考。

2. 公文會簽後,再依「公文會簽單」內所指定之會簽順序、轉送其他會簽單位,若本單位為最後一個會簽單位時,則處理後將本案簽呈轉送秘書室處理。

五、呈核批示

秘書室根據各單位簽辦意見,匯總整理出一個結論(各部廠若意見不一致時,需由秘書室居間協調送總經理核決。)

六、執行

1. 秘書室根據總經理批示內容將公文影印 1 份送執行單位辦理,公文正本送總務課銷案並歸檔存查。

2. 若需對外發文時,需填寫「簽呈(稿)」(見表 2-6-4)呈總經理核准後,交由總務部(課)辦理、繕寫、打字、校對、用印及發文作業後將簽呈(稿)歸檔存查。

表 2-6-4　公司(　)稿紙

發文單位	發文機關	核轉			批示	
		課長	部廠主管	協理	總經理	董事長
日期	發文日期	事由			說明	
發文文號	本文字型大小					
擬稿人		繕寫		標印		寄發
		年　月　日		年　月　日		年　月　日

七、歸檔

1. 任何簽呈正本均需交由總務部（課）歸檔存查。

2. 若執行單位必需使用正本時，可暫時借出使用後歸還，若正本必需寄出無法取回時，則以影本存檔。

3. 存檔文件普通件保存三年，機密文件保存十年屆期時項目報准銷毀。

八、公文機密等級及處理規定

1. 普通件：公開方式處理。

2. 密件：密秘方式處理，課長級以上人員才能核閱處理。

3. 機密件：密秘方式處理，經理級以上人員才能核閱處理。

4. 極機密件：密秘方式處理。總經理級以上人員才能核閱處理。

5. 各級人員處理密件資料，須嚴守秘密，若因洩密而造成損害時，由洩密人員負責並接受處分。

6. 密件文件遞送時，應以信封袋密封裝妥，寄件人及收件人拆閱時均須簽名在登記簿資料上。

九、公文處理時限

1. 最速件：隨到隨辦（紅色卷夾）

2. 速件：一天內處理完畢（黃色卷夾）

3. 普通件：三天內處理完畢（白色卷夾）

4. 超過處理時限的文件，由秘書室催辦。

5. 各級審核人員及會簽人員均需在公文簽呈上簽名，並標示日期以明確處理期限責任。

表 2-6-5　收文作業流程及其職務分配表

	單位別	作業流程		擔任者
一般外來 （含限時掛號）	總務或管理單位	① ② ③	收文蓋章 收文登記 發送收支者	
	收文單位	④	簽收	
	單位別	**作業流程**		**擔任者**
內　　容	總務或管理單位	① ② ③ ④	拆開信袋 收文核對（件數） 登記件數 發送收文者	
	收文單位	⑤	收文	
	單位別	**作業流程**		**擔任者**
限時掛號 （公司內部 含分支機構）	總務或管理單位	① ② ③	收文蓋章 收文登記 發送收文者	
	收文單位	④	簽收	

表 2-6-6　發文作業流程及其職務分配表

	單位別		作業流程	擔任者
一般外來 （含限時掛號）	發文單位		擬稿呈核 打字校稿信封	
	總務或管理 單位		發文登記 裝(封)訂 郵票投遞	
	單位別		作業流程	擔任者
內容	發文單位		內部聯絡函及其附件等 主管批示 信封 發文(櫃)架	
	總務或管理 單位		發文件數登記 裝入發文袋	
	單位別		作業流程	擔任者
限時掛號 （公司內部 含分支機搆）	發文單位		內部聯絡函及附件單據 主管批示 信封	
	總務或管理 單位		發文登記 裝(封)訂 郵票投遞	

7 文書檔案的保管銷毀

1. 從現役到除役的文書

歸檔的文書不可能永久存放於檔案櫃內的。文件是讓人活用的數據，因此會從頻頻利用的現役，逐漸被疏遠，直到除役為止。

欲對文件做最大極限的活用，應配合文件的利用曲線，從保管（放在手邊暫時存放）到保存（集中收入倉庫中）重覆做新陳代謝的抽換。

2. 集中管理與保存場所的設置

文件的保存場所，應注意到下列兩點：

⑴以什麼方法將各保管單位的文件予以移轉。

⑵移轉後的文件，應保存於何處。

至於文件保存的場所，可考慮下列三個方案：

⑴在總公司設置文件倉庫。

⑵在總公司附近租賃或購置地下室、倉庫供保存文件之用。

⑶收容於文件保存箱，分放各部門之一隅，這種方式的費用較為低廉。

3. 文件保存年限表的訂定可大而化之

文件保存年限表，可訂定大綱，並由主管依事實需要來決定確實的保存年限。

除了法律規定有保存年限者之外，訂定文件的保存年限實在不容易。因為文件的重要度，每一個部門的情形不同，評估亦自不同。而

且文件本身的性質、工作內容，都互相有差異，訂定劃一基準，當然不易。因此，需由各部門主管，各自斟酌辦理。

　　文件的重要度依發文部門(底稿)、收文部門(正本)與收副本部門而不同。發文部門，當然需保存較長久的年限，而收文部門的重要度，經年累月之後會減少，保存年限可酌予縮短。

　　根據上述理由，精確的文件保存年限表，應於檔案管理系統確立之後，再予檢討、調節、決定。

　　在實施「累積式」檔案管理的過程中，應注意下列三項：

　　⑴保存年限應由各保管單位自行判斷，做最適當的決定。

　　⑵應從不必要文件的銷毀開始著手，作為實施檔案管理系統的第一個步驟。

　　⑶應根據保存年限表大綱，將各保存單位保管的文件依保存年限之別，分別整理收容於「文書保存箱」中。

4.設定保存年限的基準

　　事實上，各文件的保存年限，應比對文書分類表，依不同文件(正本、副本、底稿)，決定詳細的保存年限。

⑴永久保存的檔案，包括下列各項：

・公司沿革、公司章程、公司規則、規定等。

・公司刊物、重要刊物、圖書總賬。

・重要契約、申請書、申報書。

・專利文件、與特許業務有關的文件。

・與登記、專利、特許有關的重要文件。

・有關訴訟的文件。

・有關典禮的重要文件。

・有關加入或退出公會的文件。

- 股東名簿、印鑑登記簿及有關股東會議、服務的重要文件。
- 有關公司債的文件。　　　　　· 有關董監事的文件。
- 建議書、裁決等重要文件。　　· 重要統計資料。
- 年度預算、財務報告書。
- 土地、建物所要權狀及電話租約等文件。
- 員工履歷表、保證書、任用令、名簿及其它人事、保健、薪給等重要文件。
- 客戶名簿。
- 製造計劃、設計圖、試驗報告、研究報告及其它文件。

(2)保存十年的檔案如下：
- 主管會議記錄。
- 有關稅務的重要文件。
- 月份決算書表、賬簿類。
- 與機器、備用品、材料、進貨有關的重要文件。
- 股東過戶記錄文件。
- 有關市場調查、廣告等促銷活動的報告資料。

(3)保存五年的檔案：
- 有關應收賬款、應付賬款的賬簿及傳票。

(4)保存三年的檔案：
- 管理、監督人員會議記錄、經銷商會議記錄、技術合作會議記錄。
- 有關規則訂定、廢止的文件。
- 一般契約文件。
- 主管機構核准的文件。
- 員工及董監事任免等有關文件。

- 收發文記錄。
- 將來仍有參考必要的來往信件。
- 業務日報表。
- 一般統計資料。
- 次要設施文件,動產、不動產次要文件。
- 員工調動、薪給、津貼、勞動基準法、福利、保健醫療等有關文件。
- 財務方面的輔助文件。
- 稅務之有關文件。
- 有關市場調查、廣告、企劃的一般性文件。
- 採購物品之保管、移交記錄。
- 有關製造技術的一般文件。

(5) 不必保存的文件:

- 執行多項業務時,暫時使用的各類文件,沒有保存價值與需要者,其種類與數量必定很多。

5. 法定保存年限

(1) 使用完畢之會計報告簿籍及裝訂成冊之會計憑證,均應分年編號收藏,並制目錄備查。

(2) 各種會計憑證均應自總決算公佈日起,至少保存五年,屆滿五年者,應經上級主管機關與主管審計機關同意,始得銷毀。

(3) 各種會計報告賬簿及重要備查簿,自總決算公佈日起,在總會計至少保存三十年,在單位會計附屬單位會計至少保存二十年,在分會計附屬單位會計的分會計至少保存十年⋯⋯,但日報表、週報表、旬報表、月報表的保存期限,縮短為五年。

(4) 商業設置的賬簿及編制的報表,應於會計年度決算程序終了

後，至少保存十年，但有關未結會計事項者，不在此限。

表 2-7-1　文書銷毀檢核表

（不必要文書的檢核表）
①有沒有目的不明、不被活用的文書？ ②有沒有保管完全沒有用的文書或利用度低的文書？ ③是否仍在分派現在已無必要的文書，或保管這類文書？ ④有必要改正的文書，是否仍照舊規擬稿、繕寫？ ⑤有沒有重覆保管相同或類似的文書？ ⑥可傳閱的文件，是否仍每人分派一份？或保管一份？ ⑦有沒有分派或保管進出途徑繁多的文書？
（不必撰稿文書的檢核表） ①有沒有未活用的文書？ ②有沒有目的不明的文書？ ③有沒有可以減少頁數的文書？ ④有沒有可以減少分派份數的文書？ ⑤有沒有可簡化內容的文書？ ⑥可不可減少分派對象，並以傳閱替代？ ⑦可否減少會簽、會辦的單位？ ⑧可否減少印刷，或複印份數？ ⑨紙質可否降低？
（不需收件人文書的檢核表） ①有無分派完全無必要或利用度低的文書？ ②現在已不必要的文書，是否仍在分派？ ③需加改正的文書，是否仍在分派？ ④相同或類似內容的文書，是否有重覆分派情形？ ⑤可傳閱的文件，是否仍然每人分派一份？ ⑥分派份數過多，或頁數過多的文書，是否仍在分派？ ⑦有無分派用紙、規格、格式不適當的文書？ ⑧有無分派擬稿時間不當文書？ ⑨有無分派時機不對的文書？ ⑩有無分派進出途徑過多的文書？

第 三 章

總務部門的檔案管理

1 如何進行檔案整理

檔案整理就是將零散的歸檔材料進行分類、組合、排列、編目，組成有序體系的過程，是檔案管理工作的中心環節。科學優化的檔案整理，可以促進檔案管理的各個環節良性互動和協調發展，進而能為檔案資訊資源的開發利用奠定重要基礎。檔案整理可按以下步驟進行：

1. 區分全案

所謂「全案」，簡言之，就是檔案的性質歸屬，性質相同的檔案隸屬於一個「全案」。判斷檔案屬於那個全案，關鍵在於確定檔案的形成者——立檔單位。構成全案的文件大致可劃分為三種基本類型：內部文件、發文和收文。

立檔單位的內部文件和發文（存本和原稿），其文件作者即為檔案

形成者，只要查到文件作者，就能夠確定文件全案。立檔單位的收文，其檔案形成者是收文的實際接受者，而非文件作者，只需查明收文的實際接受者，就可以確定所屬全案。區分全案為檔案整理工作的系統化確立了基本的框架。

2. 合理分類

由於公司檔案種類繁多，採用單一的分類方法已不能滿足檔案管理的實際需要，因而多是結合兩種以上的分類方法對不同的檔案進行多層次分類。案卷是按照一定的主題和內外部特徵編立的具有密切聯繫的若干文件的組合體，它既是全案的基本單位，也是檔案保管的基本單位。

從部門區分開始，部門區分之後，依檔案內容分為若干大類，再在大類中依年度及其他分類標準分為若干「子類」，三級分類不夠用時還可以在三級之後增設四級「細類」。檔案分類應本著一切從實際需要出發的原則確定分類的層級和標準層次清晰。

3. 製作文件夾

同一「子類」（或「細類」）的案件一般歸於一個文件夾，如果案件較多，一個文件夾不夠使用，也可分為兩個或兩個以上的文件夾裝訂，並在「子類」（或「細類」）之後增設「卷次」編號。每一個文件夾封面內首頁應設「目次表」，以方便查找。

4. 檔案的命名

每一個文件夾內的案件為一個案卷，為了明確案卷內容、方便查找，需對每個案卷進行命名。對案卷進行命名時遵循以下原則：

⑴準確表達案卷內容；

⑵文字簡明扼要；

⑶標題結構完整。

5. 檔號編訂

檔案分類的各級名稱確定後，編制「檔案分類編號表」，將所有分類的各級名稱及其代表數字編號按一定的次序排列。檔號編訂以一檔一號為原則，以十進位阿拉伯數字表示（具體位數多少視案件多少而定）。檔號必須反映出檔案的層次關係。如檔號 A1A2 — B1B2C1C2D1—a1a2 中，A1A2 為經辦部門代號，B1B2 為大類號，C1C2 為小類號，D1 為檔案卷次，a1a2 為檔案目次。

6. 文件夾裝訂

將各案卷以目次號順序裝訂於相關類別的檔案夾內：中文豎寫文件以右方裝訂為原則；中文橫寫，或外文文件則以左方裝訂為原則。對有皺褶、破損、參差不齊的文件，應先補正、裁切、折疊、理齊後再訂牢。最後在裝訂好的文件夾背脊標明文件夾內案件的分類編號及名稱，以便日後查檔。檔案管理是一件十分細心和耐心的工作，每一道工序都要求慎之又慎，不可有半點馬虎。

2 有效歸檔

企業每天都會產生大量處理完畢的文件資料，如果不能及時有效地對這些材料進行歸檔管理，勢必導致企業重要資訊的遺失和洩漏，使企業蒙受損失。因此，歸檔管理是一切檔案管理工作順利進行的前提和基礎。歸檔是指企業各部門在工作活動中不斷產生的文件材料處理完畢後，必須經文書部門或業務部門整理後定期移交給專門的檔案

管理部門保存。

歸檔管理，需做好以下幾個方面的工作：

1. 明確歸檔範圍

歸檔範圍是指那些文件資料應該歸檔，那些不應該歸檔。只有明確了歸檔的範圍，才能保證歸檔資料的完整和準確，同時減少檔案的收集成本。一般來說，歸檔的範圍包括以下兩個方面：

⑴公司對內的文書資料，包括公司的各項規章制度，公司各部門的發文，公司主持召開的各種專業會議形成的會議記錄、文件、會議綱要、重要高階幹部的講話及會議決定，公司制定的各項計劃，公司的重要工作成果如工程設計圖紙等。

⑵公司涉外的文書資料，包括公司與其他企業的信件、協議、合約等，公司參與的重要活動的文件、綱要及重要領導人講話的音像資料等，出國學習、考察帶回以及談判人員獲取的重要資料等。

2. 把握歸檔時間

歸檔時間是指文書部門或專業部門將需要歸檔的文件材料向檔案管理部門移送的時間。一般來說，文書處理完畢後應儘快歸檔，但特殊載體的文件如影像檔案資料由於整理流程較一般文件複雜，可以適當延長歸檔時間，但最好能在一個月內歸檔。

3. 審查歸檔的文件

⑴不屬歸檔範圍的文件應立即退回經辦部門。

⑵文件及附本須同時歸檔，如有缺失立即向相關部門追查。

⑶檢查文件資料的處理手續是否完備，如有遺漏的應立即退回經辦部門補辦。

4. 嚴格歸檔責任

鑑於歸檔工作的極端重要性，必須嚴格相關人員的責任，施行歸

檔責任制度以確保歸檔管理的有效執行。歸檔責任制度應包含以下兩個方面的內容，即經辦部門負責人即時歸檔責任制度和檔案管理人員嚴格接收責任制度。

　　總之，歸檔管理是整個檔案管理工作的起點，對隨後的各個檔案管理環節都有重要影響，職業經理人必須予以高度重視，嚴格歸檔工作的各個要點和環節，為檔案工作的順利開展奠定良好的基礎。

3 如何妥善保管檔案

　　檔案的構成材料多為紙張、照片、錄影帶及機讀磁卡材料等，這些材料都較易造成損毀，對公司的檔案管理工作十分不利，所以，採取有效的措施，最大限度地延長檔案壽命是每個職業經理人在檔案保管過程中必須予以重視的一項重要工作。檔案安全保管可採取以下措施：

1. 對檔案進行適當包裝

選擇檔案的包裝方法時應考慮以下因素：

⑴檔案的種類：如檔案的重要性、製作材料等；

⑵庫房條件；如庫房應乾燥、易於通風、密封和避光等；

⑶環境要求：如防塵、防污染及減少機械磨損等；

⑷製作成本：在保護效果相同的情況下，應當選用比較經濟適用的辦法；

⑸檔案利用的取放方便程度。

2. 合理排放案卷

將案卷排放到檔案架時，應將同一時期、同一系統或相同性質的全案排放到一起；同時，必須嚴格按照已經確定的分類體系和案卷的順序進行排列，以保持案卷之間的有機聯繫。

案卷存在方式有兩種：豎放和平放。豎放方便案卷檢索，但從更好保護檔案的角度看，平放的方式則更為有利，因為平放時文件躺著，自然壓平而不會起皺裂，對於珍貴檔案的保管，更應採取平放方式。為了方便取放和避免文件過重受壓，平放的堆疊高度一般不宜超過 40 釐米。

3. 創造適宜的庫房條件

按照檔案保管的技術要求，科學地控制庫房的溫度和濕度，保持有利於檔案存放的庫房環境和庫內衛生，是做好檔案保管工作的重要保障。

4. 建立防火制度

防火是檔案保管中最重要和最經常的工作，完善的防火制度應包含以下幾個方面的內容：

⑴加強檢查，消除一切火災隱患。庫房內應嚴禁吸煙，定期檢查各種電器設備，有隱患的立即進行修理，規模較大的庫房，還應安裝避雷針。

⑵提前做好滅火準備。滅火準備包括器材上的準備和觀念上的準備兩個方面：器材上的主要是滅火工具、水源、沙袋等應該放在便於取用的地方；觀念上的準備主要指平時經常進行防火教育，學習防火方面的理論知識和技術方法。

⑶擬訂檔案搶救方案。根據檔案的重要程度、機密程度和庫房條件，擬訂幾套搶救方案，萬一火災發生時能夠合理安排搬運路線方

法，搶救最貴重的檔案，避免搶救過程中的失密現象。

⑷火災發生後的措施。火災一旦發生，應迅速通知消防機關，同時迅速組織人員沈著搶救，維持現場秩序。

5. 定期進行安全檢查

只有定期對檔案進行安全檢查，才能及時發現和消除安全隱患，保護檔案的安全。安全檢查中最重要的就是進行防火檢查，以確保防火管理工作得到切實保障。

6. 建立嚴格的保密制度

檔案是公司的重要財富，特別是一些機密檔案，對公司的生存發展更具有生死攸關的重要意義，一旦失密，將對公司造成不可彌補的損失。因此，建立嚴格的保密制度是公司檔案保管的關鍵一環。保密工作首先應防範洩密管道，公司的洩密管道有：

⑴庫房管理人員管理失職造成洩密。

⑵非庫房管理人員進入庫房時盜竊和造成破壞。

⑶管理人員在非工作時間和工作場所談論檔案內容造成洩密。

⑷現代管理工具（如電腦）洩密。

明確了洩密管道後，就應時刻提高警惕，建立一套嚴格的保密制度，杜絕一切失密可能。這一制度要求：

⑴管理人員做到防盜工作萬無一失，堵塞管理中可能存在的洩密管道，絕密檔案應該放入保險櫃，在專門的地點進行保存。

⑵非庫房管理人員未經批准不得入庫，確實需入庫時應進行仔細登記和檢查，進入機密庫房時，應執行更為嚴格的管理制度。

⑶加強電腦系統的安全建設，防止內部工作人員和電腦黑客竊密。

7.防止檔案搬動過程中的磨損

當庫房內檔案需要搬動時，必須輕拿輕放，防止磨損和污染，當搬動數量較多時，還應配備小型手推車等機械搬運工具。

8.及時修復破損檔案

一旦檔案遭到破損，必須及時發現和修復，以便檔案能夠長久保持和利用。檔案修復是一件技術性很強的工作，必須設立專門的檔案修復室統一進行。檔案修復工作的主要程序是：

⑴接受登記。檔案送往修復室，必須對其所屬單位、份數加以詳細登記，以避免檔案遺失和混亂；

⑵進行技術鑑定。檔案修復人員對檔案進行除塵、消毒後，應對其進行全面的技術鑑定，根據其字跡、紙張成分質量及毀損程度和性質，選擇合理的修復方法，以避免因修復方法不當使檔案遭受進一步的損失；

⑶採用合適的修復方法對檔案進行修復；

⑷將修復好的檔案及時交庫房管理人員歸位。

總之，檔案保管是一個系統工程，每一步都要做到盡可能完善，避免不必要的損失。

4 建立檔案利用制度

對文件資料進行歸檔，歸檔文件若欲外借，必須進行整理和有效保管，其最終目的都是為了充分開發利用檔案資訊資源，從而使檔案真正能為公司發展服務。一套完整的檔案利用制度應包含以下內容：

1. 建立一套集中分散相結合的網路化管理機構

相應的機構和合適的人員是開發利用檔案的先決條件。一般情況下，設一個公司檔案室，集中負責公司的各項檔案管理工作，由總經理辦公室保管。在各部門相應設立檔案管理機構和檔案管理職位，管理屬於本部門的檔案，並由公司檔案管理機構對其實行網路化管理，使公司和部門兩級檔案管理部門實現良性主動。即一方面公司檔案室對各部門檔案管理機構負有指導、監察、督促和把關的職責；另一方面，各部門檔案管理機構及時向公司檔案室反饋各部門檔案管理機構工作情況。

2. 編制檢索工具

檔案檢索工具是記錄、報導、查找檔案資料的手段，是開發檔案資訊資源的工具。編制科學有效的檢索工具是建立檔案利用制度的首要任務。

檔案檢索工具的編制過程，實質上是由一次文獻（原始檔案）向二次文獻（檢索工具）的轉化過程。首先根據檢索的實際需要和各類檢索工具的特徵確定編制類型，然後對原始檔案進行主體分析，將其內容

和形式特徵按照一定格式著錄在卡片或簿冊上成為一條條的記錄，即條目，並用每個條目的首行或首項作為標引，從而形成目錄和索引，作為原始檔案的檢索工具。

3.明確外借範圍

一般來說，案卷不予外借，只能在檔案室內查閱，而未歸檔的文件資料可以外借，這樣才能保證全案的整體性，便於檔案的分類整理。

4.嚴格當場查閱制度

出於安全和保密方面的考慮，外單位人員只能對檔案進行當場查閱，且必須持有單位介紹信並經總經理批准。需對檔案進行摘抄的亦應經總經理同意，並對摘抄的材料進行嚴格審查。

5.規範外借程序

規範檔案外借程序，才能既保證檔案資源得到充分利用，同時又防止檔案資源遭受人為損毀和洩密。規範的外借程序應包括以下幾個環節：

⑴明確調閱範圍。公司各部門經辦人員所借閱的檔案應與其經辦業務有關，確需調閱與經辦業務無關的檔案時，必須經文書管理部門的同意。

⑵規範調閱程序。各部門經辦人員需調閱檔案時，應認真填寫「調案單」，核查無誤後，填註借出日期並將「調案單」按約定歸還日期先後進行整理，以備催還。

填寫的「調案單」，以一單一案為原則，一般規定 1～2 週的借閱時間，特殊情況下需延長借閱時間的，應按調閱程序重新辦理。歸還檔案時，檔案管理人員需對檔案進行審查，核查無誤後將檔案歸入檔案夾並將「調案單」留存備查。

6.做好借閱中的保密工作

⑴秘密級以上的檔案必須經總經理批准才能借閱；

⑵對歸檔的文件資料進行嚴格審查，一旦發現洩密情形，應依據相關法律法規追究相關人員的責任；

⑶採用電腦檢索時，更應加強電腦安全管理，防止電腦洩密。

總之，建立檔案利用制度，既要充分發揮檔案這一重要資訊資源的作用，又要做好保密工作，寬嚴要適度。

5 對檔案進行清理

隨著時間的推移，有些文件、電子檔案已經失去了保存的價值或無需永久保存，必須及時對這些檔案加以清理，以緩解檔案管理的壓力，為再接收新的檔案提供便利。檔案清理工作應按如下步驟進行：

1. 審查鑑定檔案價值

檔案管理人員和技術人員應定期做好檔案保存價值的鑑定工作，鑑定標準有：

⑴檔案的形成時間。

⑵檔案內容的機密程度。

⑶檔案的利用價值。

2. 銷毀失去保存價值的檔案

通過審查鑑定，確定失去保存價值的檔案，並予以銷毀。銷毀的手續為：

⑴製作「作廢檔案焚毀清冊」，註明檔案的檔號、銷毀理由及形成時間。

⑵將清冊呈交總經理核准，核准後在特定地點由焚毀執行人員和監焚人員對清冊上的檔案分類銷毀。

⑶在銷毀檔案的原目錄表附注欄內註明銷毀日期。

3. 確定有價值檔案的保存期限

保存期限應視檔案形成時間、內容重要程度、可靠性、有效性等因素進行劃定，一般分為：永久保存、10 年保存、5 年保存和 1 年保存幾種。

總之，對檔案的清理並不是一件輕鬆的工作，它需要仔細分類和認真操作，稍有不慎就會帶來不可彌補的損失。

6 如何進行影像檔案管理

影像檔案是公司檔案的重要組成部份，由於其採用影像這一特殊載體形式，決定了其在歸檔、整理、保管、開發利用等各個環節都有一些不同於一般紙質檔案管理的要求。只有明確了這些特殊要求，才能對影像檔案進行妥善管理，充分發揮其重要作用。

1. 嚴格歸檔要求

影像檔案管理的特殊要求有。

⑴影像資料的內容務必要真實。

⑵原則上只接受原版、原件，特殊情況下可以接受複製件，但複

製件內容與原版、原件一定要完全相符。

⑶在形成後的一個月內隨其他載體形態的檔案同時歸檔，特殊情況下可適當延長歸檔時間。

2.採用特殊分類編號，編寫文字說明

⑴影像檔案適於採用年代分類，並按時間或內容順序在全案內編號。由於其必須隨同其他載體形態的檔案同時歸檔，故必須編註與其他載體檔案相聯繫的參照號，格式為：影像檔案檔號和非影像檔案檔號。

⑵因影像檔案缺乏明確的文字資訊，因而必須對其編寫文字說明。文字說明的編寫應符合以下要求：準確揭示檔案資料的內容、事由、時間(用阿拉伯數字表示)、地點、人物、背景、作者(攝影者)。文字簡潔，語言通順。照片一般以自然張為單位，錄音帶、錄影帶、攝像帶一般以案卷為單位編寫文字說明。

3.提供合格保管條件

影像資料檔案對保管條件有較高的特殊要求，必須創造合格條件，才能確保影像資料的長期保存。

4.拓寬利用範圍

影像檔案除了可以通過借閱方式加以利用外，還應在不影響保密的前提下，利用其舉辦各種報告會、展覽會，編輯綜合性或專題性畫冊、資料片等，以充分發揮影像檔案的價值和作用。

總之，現代公司影像檔案的整理和利用已是一個必然的發展趨勢，經理人對此要有充分的認識和必要的技術能力。

7 如何進行電子科技檔案管理

　　時代在進步，公司檔案也增加了科技檔案，沒有任何檔案能像電子科技檔案這樣對公司的發展起著至關重要的決定作用，因此對科技檔案應予以高度重視，實行專門的管理相當重要。

　　公司科技檔案部門的主要任務是：

1. 系統準確地歸檔

　　由於系統科技檔案的價值含量較高，直接關係到公司經營目標的實現，因而對其歸檔工作提出了更高的要求，必須做到每項工程、技術活動、引進項目等資料都要完整、準確地歸檔保存。

　　公司科技檔案是引進國外先進技術等活動的歷史記錄和真實反映，是資料儲備的一種形式。

2. 合理選取分類方法

　　科技檔案一般應按以下幾個方面進行分類：

　　⑴有關設備方面的圖紙、文件資料，包括各種原理圖、說明書、維修手冊等；

　　⑵有關工程方面的一系列原始材料，包括設計圖、協議書、施工圖、竣工圖等；

　　⑶有關科教、技術革新方面的材料，包括技術革新圖紙及批文、專業教學計劃、審批文件等。

3.充分挖掘科技檔案的價值

　　將科技檔案分類後，經過編目、編號、編織檢索工具等工作，便可進行科技檔案的借閱，為公司科技人員提供學習與研究的便利，從而更有利於開發公司的核心競爭力。

　　除此之外，在不影響保密的前提下，還應充分利用科技檔案資源舉辦各種展覽會，塑造公司高科技形象。或者，對已獲取專利的科技檔案實行技術轉讓，使科技檔案在流通中增值。

4.定期做好科技檔案的價值鑑定工作

　　此工作由技術管理人員、相關專業人員和科技檔案人員合作進行，對已失去保存價值的檔案及時銷毀，以滿足技術不斷進步的要求。

　　總之，科技檔案的利用和管理，是需要相關技術作保證的，經理人要抽出時間，對此進行專門的學習。

8 總務部門文件分類基準實例

　　H公司的總務部門區分為總務組、秘書組、文書組、股務組。

　　總務課──總務課的工作相當樸實，卻是經營機能圓滑轉動不可或缺的一環。文件包括收文、電話聯絡事項的記錄、會議記錄、營繕文件、車輛管理文件、準備有關的文件等，可說雜七雜八，但需要符合實況的分類與整理。

　　秘書課──建議書，以及需要經營幹部裁決的一切文件，都會經過秘書課。其處理的好壞，影響幹部的工作效率。所以，忙碌異常的

幹部的日程計劃，必須經過「提醒系統」來適時加以提醒，以免延誤。

文書課──是經營組織文書的控制中心，負責保管共同的文書，對各部門換置的保存文書也要負責歸檔。各部門一遇參考的需要，即會前來調閱文件，所以檔案系統必須完全。文書課的工作，有善後整理的性質，對重要文件，亦需做防火、防災的保管。

股務課──隨著公司經營規模的擴大，股票的發行，年年增加，而為了對股東服務週到，股務課必須將大量的事務，以最迅速的方法加以處理。股東名簿、股票總賬、股東印鑑卡等，都要有系統地加以保管、歸檔。營業報告書、股東大會會議記錄等，以厚紙夾善加保存，股東過戶而暫時寄存於公司的股票，必須做萬全的保管，以策安全。

第 四 章

總務部門的印章管理

1 如何區分不同的印章

　　印信是指企業的印章、介紹信、憑證等，是企業對外聯繫的憑據和企業權力的標誌，一般由行政部門或總務部門保管與管理，由於印章、介紹信、憑證在日常工作中常要用到，所以是總務部的日常管理事務之一。

　　企業要保證正常的工作秩序，維護公司的威信和形象，就必須建立嚴格的印章管理和使用制度，確保印章的正確使用和監管，這樣才能為公司的各項工作有序進行提供可靠的保證。

　　通過區分不同的印章是正確使用印章的基礎，因此，在瞭解印章管理制度前首先要明確印章的分類，這對企業來說非常重要。

　　一般來說，印章的種類主要包括以下幾種：

1. 印鑑

印鑑指的是公司向主管機關登記的公司印章或指定業務專用的公司代表印章。一般來說，印鑑根據不同公司的具體情況可以分為刻有公司全稱的公司印（1 號）、公司名印（2 號）、公司名印（股份公司用）、分公司、工廠名印等，它用於較為重要的文件或表格，特別是在對外使用時作為公司法人的標誌之一，印鑑的權威性和嚴肅性必須得到切實的保證。

2. 職章

職章指的是：董事長、各公司總經理刻有公司名銜及職別的印章；刻有職別及特定業務專用的主管印章。

一般說來，根據具體職銜的不同，職章主要包括董事經理、董事副經理、常務董事、董事、監事等職務印章、財務部長（銀行專用）、研究所所長印等部長印章、某分店經理或分廠廠長印章以及其他某些高級職員名章等，它用於需要明確用印責任的場合，屬於企業責任制的一部份。

3. 職銜簽字章

職銜簽字章指的是各公司中層以上主管刻有職銜及簽名的印章。職銜簽字章是在職務印章的基礎上加上使用者簽名的印章，也是企業強化責任制的標誌之一。

4. 部門章

部門章指的是刻有公司及部門名銜的印章。

一般來說，部門印章根據公司的具體組織結構包括總務部印章、物資部印章、財務部收據專用印章、財務部申請專用印章及其他不同部門印章等。特別要注意的是，不對企業外行文的部門章加註「對內專用」的字樣。

5. 校對章、騎縫章、附件章

這幾種印章指的是刻有公司名銜及「校對章」或「騎縫章」、「附件章」等字樣的印章。

總之，區分不同的印章是正確認識和使用它們的基礎，通過區分，嚴格職權，對於公司而言具有十分重要的意義，在使用和管理印章前一定要牢記印章分類的具體內容。

2 如何確定印章的使用範圍

當瞭解了印章的基本分類之後，是否明確其使用範圍就對正確用印章和管理產生重大影響，因此，正確掌握不同印章使用範圍的知識對於經理人來說具有十分重要的意義。

一般來說，印章的使用範圍主要包括：

1. 對外使用公章的種類

可以用於以公司名義進行的對外活動所使用的印章主要包括公司章、公司業務專用章，以下具體又包括辦公室章、人事部章、計劃財務部章、國際合作部章、合約專用章等。

2. 公司章的使用範圍

公司章作為公司對外行為的一個重要的信用符號，其嚴肅性必須得到可靠的保證。一般來說，公司章的使用範圍應該嚴格限定為以下幾種：

⑴以公司名義上報總公司的報告和其他文件；

⑵以公司名義向上級機關和管理監管部門發出的重要公函和文件；

⑶以公司名義與有關同級單位的業務往來、公函文件和聯合發文等。

特別要注意的是，凡屬以公司名義對外發文、開具介紹信、報送報表等一律要加蓋公司法人章。

3. 公司業務專用章的使用範圍

公司業務專用章也是公司對外活動的一個重要工具，根據具體業務的不同，其使用範圍主要包括以下幾種：

⑴辦公室章。用於以辦公室名義向公司外發出的公函和其他文件、聯繫工作介紹信、刻制印章證明等；

⑵人事部章。用於就有關人事、勞資等方面的具體業務；

⑶計劃財務部章。用於就有關計劃、財務等方面的具體業務；

⑷國際合作部章。用於就有關國際間交往、業務聯繫、接待計劃、組織國際會議等方面的業務；

⑸合約專用章。用於以公司名義簽訂的協定、合約和有關會議紀要等業務。

以上幾項都是公司對外印章的使用範圍。公司內部印章的使用將在以後的技能點中論述。

總之，明確不同印章特別是對外用印章的使用範圍對於確保公司的信譽具有十分重要的意義，要建立嚴格的印章使用管理制度和責任制度，就必須掌握相關的知識。

3 如何正確使用印章

日常辦公事務中，企業需要經常使用各種印章。能否正確地使用它們對於保證企業日常工作的正常進行影響很大。正確使用印章要注意以下幾個問題：

1. 用印原則

在明確了印章的分類和不同印章的使用範圍的基礎上，日常的用印必須嚴格依照權責劃分，遵循以下幾個原則：

⑴對公司經營權有重大關係、涉及政策性問題或以公司名義對政府行政、稅務、金融等機構的行文，蓋公司章。

⑵以公司名義對國家機關團體、公司核發的證明文件及各類規章的核定、裁決等由總經理署名，除蓋公司章外，還應蓋總經理職銜章。

⑶以部門名義在授權範圍內對廠商、客戶及內部規章的核決行文由部門經理簽名，蓋經理職銜章。

⑷各部門在經辦業務的權責範圍內及對於國營事業、民間機構、個人進行行文及收發文件時，蓋部門章。

總之，公司、部門名章及分部、分公司名章，分功用於以各自名義的行文，而職務名稱印章則分別在以職務名義行文時使用。

2. 用印手續

為了確保用印的嚴肅性和嚴格的權責劃分，印章的使用必須確立一些既嚴格又不影響工作效率的手續，根據印章的不同類別，具體手

續如下：

⑴使用本公司或高級職員名章時應先填寫「公司印章申請表」，在表中寫明申請事項，征得部門經理同意後連同需蓋章文件一併交印章管理人，報總經理批准。

⑵使用分部及分公司高級職員名章時，須在取得公司經理（或分部經理）的認可後，將需蓋章文件向總公司主管此類文件的經理呈遞，由主管經理審查同意後交印章管理人。

⑶使用部門印章、分部及分公司印章時，同樣需要在申請單上填寫用印理由，然後送交所屬部門經理，獲認可後，連同用印文件一併交印章管理人。

印章主管人在審查之後，經過批准程序後，應將文件名稱及制發文件人姓名記入一覽表以便查考。在履行用印手續當中，必須十分注重印章主管人的責任。

3. 用印方法

用印方法的規範化是企業在印章使用過程中特別容易忽略的問題，因而也是必須特別關注的問題。要嚴格地按照規範使用印章，必須注意以下幾點：

⑴公司印章應蓋在文件正面。若必須在文件的空白頁上蓋章，應在蓋章處註明「此頁無內容」。蓋印文件必要時應蓋騎縫章。

⑵公司印章的蓋章處除有另行規定或文件形式無固定要求之外，一般蓋於公司名稱、部門名稱、分部、分公司名稱的右側，並壓住名稱字體。公司名章與職務名章並用時蓋於名稱中間或豎寫名稱下方，職務名章蓋於職務名稱的右下方（豎寫時蓋於下方）。

⑶蓋公司名章除特殊規定外，一律用朱紅印泥。

⑷股票、債券等張數很多，一張張蓋章比較麻煩，在得到經理批

准後，可採取套印印刷方式。

4. 代理用印及用印手續的簡化

有時，由於一些客觀原因，印章使用的緊迫性需要實施代理用印，在按照正確的用印方法使用過印章之後，代理用印者須在事後將用印依據和用印申請單交印章管理人審查（用印依據及申請單上應有代理人印章），以確保事後責任與代理人直接掛鈎。

此外，為提高工作效率，有時需要簡化用印手續，如常規用印或需要再次用印的文件事先與印章主管人取得聯繫或有文字證明者可省去填寫申請單的手續。這一簡化程序要嚴格控制和慎用。

總之，正確使用印章必須做到有章可循、責任明確，監管嚴格，自覺地遵循公司的使用規定是制度化建設的重要部份，在日常工作中應堅持嚴格和正確地使用印章。

4　如何保管好印章

印章的日常保管應本著既嚴格管理，又方便使用的原則，確保企業正常的工作秩序不受影響，因此，嚴格的保管制度同便利使用是相輔相成的。

一般來說，印章的日常管理必須注意以下兩點：

1. 明確保管人責任

重要印章保管人或授權委託人對其所保管的印章的使用擁有最後的決定權，是印章使用權限人，加強對其監管和明確其責任是使印

章保管制度化的重要保證。但受印章保管人之委託保管印章者則不享有此許可權。一般說來，印章保管人的責任主要有：

⑴印章保管人必須妥善保管印章，不得遺失。如遺失，必須及時向公司辦公室報告；

⑵必須嚴格依照公司對印章的使用規定使用印章，未經規定的程序，不得擅自使用；

⑶在使用中，保管人對文件和印章使用單簽署情況予以審核，同意的則用印，否決的則退回；

⑷檢查印章使用是否與所蓋章的文件內容相符，如不符則不予蓋章；

⑸在印章使用中違反規定，給公司造成損失的，由公司對違紀者予以行政處分，造成嚴重損失或情節嚴重的，移送有關機關處理。

除此之外，在日常工作中，一般印章可由委託保管人在部門經理監督下決定使用，同時可省去逐級審查的程序。

總之，印章的日常管理是否嚴格決定了使用的是否便利和事後責任的分清，在保管中一定要嚴格遵照以上辦法。

2.建立日常保管制度

為使印章的保管有章可循，必須建立一套嚴格的日常保管制度，並且教育職工嚴格遵守。

一般來說，印章日常管理制度的要點主要有以下幾點：

⑴公司印章採取分級保管的制度，各類印章由各崗位專人依職權需要領取並保管；

⑵印章必須由專門保管人妥善保管，不得擅自委託他人保管；

⑶公司建立印章管理卡，領取和歸還印章時按要求須在卡上予以登記；

⑷用印後該印章使用單作為使用印章的依據由印章保管人留存，定期整理後交辦公室歸檔；

⑸印章原則上不許帶出公司，對確需將印章帶出使用的，應填寫印章使用單，載明事項，按上述程序審核，經同意後由兩人以上共同前往方可攜帶使用；

⑹印章管理人員離職時，須辦理歸還印章手續，作為全部移交工作的重要一部份。

在日常工作中嚴格遵循這一套管理辦法具有十分重要的現實意義，否則會導致印章管理的混亂，造成重大的損失。

5 如何處置廢止印章

印章在使用中難免會出現破損、遺失的情況，而新的業務需要又使一些印章失去了作用，因此，正確地處理好廢舊印章，應付意外情況，對於公司印章的日常管理和使用十分重要。

一般來說，印章的用後處理應注意以下幾點：

1. 廢止申請的提出

同申請刻制新印章一樣，需要廢止印章使用的申請須由總經理辦公室主任提出。

一般來說，在總經理辦公室主任的申請中，必須註明廢止印章的名稱、種類、規格、使用範圍、管理責任者以及廢止理由，如果在廢止舊印章的同時還需要申請新印章的刻制使用，必須將新舊印章的名

稱、規格、管理許可權的材料一併附上。

2. 廢止印章的處理

當總經理辦公室主任提出廢止申請後,應由原保管人員填寫「廢止申請單」,並由印章管理部門向總經理呈遞,經總經理核准後方可廢止。

對於已被核准廢止的印章,應由印章管理部門視實際情況予以封存或銷毀,具體可分為:

⑴一般情況下,廢止印章由辦公室加封註明廢止時期在保險櫃中保存三年,三年後由辦公室主任等相關人員(三人以上)共同銷毀並簽字留存廢止單。

⑵特殊情況下,廢止印章可由辦公室主任等相關人員(三人以上)共同即時銷毀或另行長期封存,但必須寫明相應的理由,簽字留存廢止單。

對廢止印章的處理必須十分謹慎,以避免給工作帶來不便。

3. 意外情況的處理

意外情況的處理指的是當公司印章發生散失、損毀、被盜等情況時,為防止印章外流對公司利益造成重大損失,印章的管理者應迅速地向公司遞交說明原因的報告書,總經理辦公室主任則應根據情況採取相應的防範和補救措施。

總之,廢舊印章的管理也是印章管理中一個不可忽略的重要環節,為確保廢舊印章得到及時正確的處理,一定要嚴格貫徹時效與程序相結合的原則。

6 如何申請使用新的印章

公司印章在使用過程中會出現破損、丟失和作廢的情況，同時也不斷因業務的拓展需要新的印章，因此，總務部門如何申請使用新印章，對於日常工作具有十分重要的意義。

一般來說，申請使用新印章要依照以下程序：

1. 提出申請

根據公司印章的使用和管理情況以及對新印章的需要，依照規定向上級提出刻制新印章的申請。

一般來說，公司印章的制定議案應由公司秘書處提出，在其提案中，必須提出申請理由、新印章的種類、名稱、使用範圍和管理許可權等方面的詳細說明。如果在申請新印章的同時還要更換或廢止舊印章，議案中還應對舊印章的種類、名稱、使用範圍和管理許可權等做出相應的說明。

2. 審核批准

刻章申請議案提出後，應由公司總經理根據實際情況和有關規定，決定是否批准刻制使用新印章，同時，還必須確定即將批准使用新印章的具體名稱、種屬、使用範圍、管理許可權以及規格、圖樣等，開具核准介紹信後方可到正規的刻印社刻制新印章。

特別要注意的是，對外使用的公司印章刻制均須報總經理批准，由行政部憑公司介紹信統一到有關部門辦理刻制手續。

3. 刻製登記

在得到總經理的批准之後，新印章的刻製和登記事宜交由秘書長或辦公室主任負責，刻好之後，保留印模，新印章移交印章保管人員管理，印章保管人員在接受新印章時，必須登記和辦理移交登記手續。

如果在新印章刻製登記的同時還要更換或廢止舊印章，舊印章的指定管理人必須迅速地將更換或廢止的印章上交秘書長或總經理辦公室主任。

4. 啟用新印

新印章確定管理歸屬之後，須由管理人員作好戳記，留樣保存，以便備查。在正式啟用前，總經理辦公室要事先印發啟用新印的通知，在通知中，要註明啟用日期、發放單位和使用範圍。一般來說，啟用印模應用藍色印油，以示首次使用。

總之，申請刻製使用新印章是印章日常管理使用中經常遇到的一個問題，為確保印章的嚴肅性和管理的規範性，必須嚴格遵循申請程序。

第 五 章

總務部門的工作說明書

1 工作說明書撰寫內容

總務部門應配合各專業部門的努力，協助完成各部門的員工工作崗位說明書，〈工作說明書〉的內容有：

一、工作內容

1. 單位：請寫工作所屬機構（至最小服務單位）。例如：打漿工廠打漿股。

2. 職稱（位）：請按照現有編制職稱填寫。例如：一號機領班兼磨漿。

3. 輪班次數：在正常情況下，工作採取一制班、二制班或三制班，在本欄中請寫「一」、「二」或「三」。

4. 姓名：請寫工作人員姓名。凡職稱相同且工作內容相同者，可共填此表一份，倘若人數過多，請加附姓名清單。

5. 主要工作：請用簡潔詞句，說明工作中的主要作業或任務。例如：一號機領班（打漿）請寫「負責紙漿研磨和輪班生產帶班」。

6. 項目、工作內容：請將職務上責任工作分成各種作業程序，用阿拉伯數字 1、2、3……填進「項目」欄內，然後在「工作內容」欄裏說明作業情形，如果不是每日例行性而是偶發性，則在「項目」欄內改寫「幾天發生一次」如果職務細分過多，不敷填寫，請再行索表繼續填寫。例如，銅版紙工廠統計作業員的工作內容如下：

⑴銅版工廠辦公室清潔、打掃、茶水供應。

⑵塗布、壓光、刷光、複捲及切紙報表統計。

⑶塗料用量核計、領料單填寫。

⑷生產記錄表統計。

⑸成品庫存表填寫。

⑹成品入庫單填寫。

⑺加班單填寫。

⑻產量，人工核計。

⑼一個月發生一次，填寫銅版紙工廠月報表。

⑽六天發生一次，填寫臨時需要報表。

7. 空欄，請所屬主管會同評價人員分析後填寫。

二、評價因素

1. 知能

⑴應用知識：指執行工作必須具備的基本知識（例如中外文、簿

記、電腦概念、化學等）及專業知識（例如繪圖、專業計算）足以表示相當教育程度者。例如：機電修保股報表作業員（算術加減乘除、中文公文寫作），打漿配藥領班（化學組成百分比換算，藥物識別，簡易英文閱讀）。

⑵操作設備：指執行工作，必須操作的設備。例如：打漿股領班「操作磨漿和雙盤機」。

⑶使用工具：指操作設備必須使用的工具。例如：銅版工廠統計作業員（尺、筆、算盤、電算機）。

⑷創造力：指執行工作是否需要創造力，請以「需要」或「不需要」來說明。例如：配藥「不需要」創造力，而設計人員或各單位主管為求技術突破、管理革新「需要」創造力。

⑸應變能力：如果操作臨時故障或發生意外事件，是否需要應變能力，分為四級：「極需要」、「需要」、「稍需要」、「不需要」。

⑹經驗：指執行工作所需，具備合乎作業標準或超越作業標準的技術，此種技術的名稱及獲得此種經驗需經過的實際年數。例如：打漿股技術員因需要協助散漿手解決操作問題，請寫「為促使打漿工作順利推展，應有散漿和磨漿各 2 年以上工作經驗」。

2. 責任

⑴警覺程度：指執行工作中為避免傷害他人應該謹慎加以防範的範圍。例如：「送電時請注意高壓線路有無人員觸及」；「啟動機器時，請注意滾輪旁有無人員」。

⑵傷害程度：指執行工作不慎，以致傷害自己或他人的程度（指可能情況）。例如：「斷手」、「死亡」、「燙傷」等。

⑶財產設備：指執行工作所使用的設備、工具、金錢、有價證券等的保養維護任務。例如：「加油」、「擦拭」、「上鎖存檔」等，並請

估計這些財產設備的金額。

⑷物(資)料製品:指對生產的產品或繕寫的資料應擔負的維護責任。例如:「加油」、「擦拭」、「防止污點」、「上鎖存檔」等。

⑸與本(其他)部門人員接觸:因必須接觸的人員或單位的名稱或外面機關的名稱。

⑹監督責任:寫監督的內容和監督的人員。例如:一號機打漿股股長寫「散漿、磨漿等 9 人」;如無屬下人員寫「自行負責」。

⑺所受監督:指執行工作所受監督的程度或方法及直接負責的主管。

3. 體能

⑴腦力:指執行工作中,是否需要腦力思考才能推展工作。例如:課長以上幹部偏重思考,以「極需要」、「需要」、「不需要」三個等級來區分。

⑵用力:指執行工作需要施力者。例如:包裝人員,以「極需要」、「需要」、「不需要」三個等級來區分。

⑶工作姿態:以「坐」、「立」、「攀登」、「踢踏」、「爬」、「跑」、「彎腰」、「仰臥」、「蹲」等充分表示所用的姿態,不限填一項。

4. 工作環境

⑴工作場所:執行工作時所活動的地區。例如:總務人事管理員請填寫「總辦公室」;守衛請寫「守衛室及全廠各場區」。

⑵環境:指工作地點的環境。例如:「潮濕」、「高溫」、「噪音」、「異味」、「舒適」等。

⑶危險性:指工作環境具有何種危險性。例如:「化學毒性」、「高壓電擊」、「掉入漿槽淹溺」等。

⑷其他:指執行工作有特殊性,須再特別說明。

三、職務資格

請各單位股長級主管填寫，再送各單位主任或課長級人員和廠內高階管理人員共同評核決定。

1. 注意事項

⑴本表請詳細具體填寫，以作為今後工作評價（評分）的依據。

⑵不識字的同事得請同事代寫，但其內容應該由當事人認同。

2. 工作內容

表 5-1-1　企業員工評價因素表

單位		職稱（位）		輪班次數	
姓名					
主要工作（簡要概述）：					

項目	工作內容（如寫偶發性請在「項目」欄填幾天發生一次）	所需工作時間（分）		佔上班%
		實際	標準	
合計（如不敷填寫，請自行加頁）				

評價因素		因素內容
知能	應用知識	
	技能 操作設備	
	使用工具	
	創造力	□需要　　□不需要（請在方格內打√）
	應變能力	□極需要　□需要　□稍需要　□不需要
	經驗	

續表

責任	安全	警覺程度	
		傷害程度	
	財務與業務	財產設備	接觸金額： 元
		物(資)料製品	
		與本(其他)部門人員接觸	
	監管	監督責任	
		所受監督	
體能		腦力	□極需要 □需要 □不需要
	體力	用力	□極需要 □需要 □不需要
		工作姿態	
工作環境		工作場所	
		環境	
		危險性	
		其他	

職務應具基本資格			
職稱		個性	
性別		體格	等位： 身高： 體重： 視力：
年齡限制		語言	
最佳學歷		領導能力	
應具經歷(經驗)		其他	

表 5-1-2　股份有限公司評價因素表

單位	成品課倉儲股	職稱(位)	助理工	輪班次數	
姓名					

主要工作(簡要概述)：成品課各項報表的計算、整理

項目	工作內容(如為偶發性請在「項目」欄填幾天發生一次)	所需工作時間(分) 實際	標準	佔上班%
1	成品庫存報表填寫(一式四張)			
2	成品賬冊登記(共 12 冊)			
3	開立出庫單(送貨單)轉撥單			
4	開立運輸憑單(一式四張)			
5	捲筒重量明細表複算			
6	每日發貨數量統計			
7	成品庫存統計			
8	發貨聯絡協助及發貨數量查封			
9	其他臨時性指派工作			
12 天發生一次	整理運輸憑單寄公司資材部運輸組			
一個月一次	成品月報表統計與財務部核對			
合計(如不敷填寫，請自行加頁)				

評價因素			因素內容
知能		應用知識	珠算、算術、數據處理、商用簿記
	技能	操作設備	沒有
		使用工具	算盤、尺、筆、計算器、複寫紙
		創造力	□需要　　□不需要(請在方格內打√)
		應變能力	□極需要　□需要　□稍需要　□不需要
		經驗	需要一個月左右的報表處理訓練及成品規格、名稱的認識

責任	安全	警覺程度	需要
		傷害程度	沒有
	財務與業務	財產設備	對於文具要妥善保管，成品出入賬要正確記載接觸金額： 元
		物(資)料製品	機密統計報表及成品存貨記數賬要上鎖保管
		與本(其他)部門人員接觸	發貨工、總公司財務部、整理工廠報表工、銅版機報表工
	監管	監督責任	自行負責
		所受監督	倉儲股股長
體能		腦力	□極需要　□需要　□不需要
	體力	用力	□極需要　□需要　□不需要
		工作姿態	坐、立、行
工作環境		工作場所	總辦公室成品倉庫整理工廠、銅版機場
		環境	稍悶熱。
		危險性	無
		其他	

職務應具基本資格

職稱	倉儲股、助理工	個性	內性較佳且須心細，本性誠實及富責任感。
性別	女性較佳	體格	等位：乙　身高：不限 體重：不限　視力：不限
年齡限制	18 歲以上	語言	國語、台語
最佳學歷	高商會統科畢業。 執照：珠算三級以上	領導能力	不需要
應具經歷(經驗)	須職前訓練	其他	

2 工作說明書撰寫案例(一)

1. 適用單位

管理課。

2. 工作內容

負責本公司人事及總務管理事項。

⑴人員招募與訓練作業。

⑵人事資料登錄與整理。

⑶人事資料統計工作。

⑷員工請假、考勤管理。

⑸人事管理規章研擬與修正。

⑹人員任免、調動、獎懲、考核、敘薪等事項。

⑺勞工保險加退保與理賠事宜。

⑻文康活動與員工福利事項辦理。

⑼員工各種證明書核發。

⑽文具、設備、事務用品的預算、採購、修繕、管理。

⑾辦公環境安全及衛生管理工作。

⑿公司文書、信件等收發事宜。

⒀書報雜誌的採購與管理。

⒁督導工讀生工作及接待事宜。

⒂督導警衛人員及人員進出管理。

3.職務資格

⑴專科畢業或普考及格，曾任人事及總務工作二年以上。

⑵高中畢業曾任人事、總務工作六年以上。

⑶現任分類職位七職等以上。

⑷具有高度服務精種與善於處理人際關係者。

⑸男性為佳，女性亦可。

3 工作說明書撰寫案例（二）

姓名			職稱		貿易一部經理	單位		貿易一部
編號			職代			主管		
項目類別	工作內容	工作依據	權責	時限	表單		管制基準
					名稱	分送單位	
1	信件、電報等文件的簽核及處理	所收信件、電報	執行	不定	電報、信件	助理業管	於每日下午 4：30 交回助理轉業管
2	客戶的開發及維繫	依業務年度計劃	執行	不定	月報告表年報告表	總經理	每月檢討一次
3	產品推展與檢討	依業務年度計劃	執行	不定	季報告表年報告表	總經理	每季檢討一次

續表

4	與廠管有關事項的聯絡	依實際情況	執行	0.2 小時	外廠 001 簿	廠管	下班前或規定時間內回覆
5	客戶接待	依核定範圍接待	執行	不定			公司客戶接待須有助理在場
6	對賬表的簽核	依實際收款情形	簽核	0.2 小時	對賬表	業管	於收到當月完成
7	總經理交辦事項	依總經理指示	執行	不定			於規定時間內完成
8	向總經理做週業務報告	依實際情形	執行	0.5 小時	週報告表	總經理	於每週一與總經理室秘書排定時間後執行。
9	訂單簽核	依公司的工廠價格表	簽核		訂單	① 業管、總經理 ②助理	於收到訂單之日中午前交業管或交回助理；訂單①金額達 50 萬②新產品者交業管呈總經理簽核
組織關係							

第 六 章

總務部門的人事考勤管理

1 建立考勤工作流程

　　考勤工作需要一定的組織和程序，明確各方責任。因此，要建立嚴格的考勤制度，首先要明確考勤工作的程序。

　　考勤工作的組織流程主要包括以下幾部份：

1. 考勤人事安排

　　考勤是一項必須長期嚴格堅持的制度，與之相適應，要建立一支穩定可靠的考勤人員隊伍，因此，在選拔任命考勤人員時必須認真考察其素質。

　　一般來說，由公司人事部負責考勤人員的選任，人事部主管人員應當詳細考察候選人情況，儘量選擇那些認真負責、公正無私的人擔任考勤員，並將名單報總經理核准，同時名單要留人事部備案。

2. 制定考勤辦法

選定了相關管理人員之後，就必須針對公司的具體情況制定相應的考勤辦法，公開考勤細則，使員工有章可循。

⑴確定具體考勤方法，現代企業一般在有條件的情況下都採用考勤打卡制度，如限於條件無法採用打卡機的，可填寫員工考勤表；

⑵考勤情況整理，這項工作一般由人事部直接負責，考勤打卡情況或員工考勤表最終都要由專門人員進行整理匯總；

⑶在考勤情況整理完畢之後，必須將其送交總經理審查，以便據此決定員工的獎懲事項。

考勤細則制定和批准之後，在正式實施前，一般要在公司內進行公示，使員工事先明確工作紀律的具體規定。

3. 明確考勤設置

考勤設置指的是考勤情況的具體分類細則，一般而言，考勤情況主要分為以下幾種：

⑴遲到，即比規定上班時間晚到；

⑵早退，即比規定下班時間早走；

⑶曠工，即無故缺勤；

⑷請假，又可依具體情況分為幾種假別；

⑸出差，即受公司委派外出為公司辦理業務；

⑹外勤，即全天在外辦公事；

⑺調休，即根據員工表現或其他需要的休假。

為確保考勤情況的準確，在進行情況匯總整理時，員工須出示各類與考勤有關的證明材料。

4. 確定考勤範圍

考勤辦法和設置條例制定出台之後，還必須明確考勤工作對象的

具體範圍，以便相應人員能統一遵守。

⑴公司除高級職員(總經理、副總經理)外的一切人員，即凡在公司內辦公，並由公司發放薪資、獎金、餐券的所 屬人員等均需在考勤範圍之列；

⑵特殊員工不考勤，須經總經理批准。

考勤範圍明確之後，就應當嚴格遵循，在日常工作中要避免任何人為的特殊化情況。

5.制定刷卡管理辦法

⑴打卡機由相關部門全權管理、監督、檢查，任何人不得擅自挪動或拆卸；

⑵打卡時間。上下班時間要以鐘卡為準，上班必須提前幾分鐘打卡，下班必須推遲幾分鐘之後打卡，特殊情況以部門簽到考勤為準；

⑶任何員工不得代人打卡，有關人員必須認真檢查監督打卡情況，發現作弊行為、托人打卡或代人打卡的情況，一律要上報，給予嚴肅處理：

⑷員工忘記打卡或簽到時，須說明情況，並留存說明記錄：

⑸因公外出，不能回崗的，由主管經理蓋章證明；

⑹不管何種原因丟失工卡，須立即補領新卡。

總之，嚴格的考勤制度對員工形成嚴格的紀律觀念，提高員工工作的自覺性，乃至推動企業凝聚力建設都具有十分重要的意義，要做到制度化管理，首先就必須制定嚴格的規章制度。

■ 第六章　總務部門的人事考勤管理

2 人員的退職管理

　　首先，退職大致上包括年滿退休及中途離職等。在採取終身僱用制為主的日本人事管理制度，一般總以為年滿退休者居多，但實際上並非如此，其中尤以穩定率欠佳的企業，其退職之中，中途離職去，更為數不少。

　　同時，就賞罰方面來看退職，可分為期滿退職與解僱，而解僱又依其程度，分為命令解僱及懲戒解僱。

　　懲戒解僱，適用於惡性重大的不良份子，換言之就職時已有前科，故其解僱必須慎重。如果真的解僱，恐怕不易找到工作。同時，期滿退職與解僱，就退休金來看，期滿退職系按所定的退休金規定，給付退休金。但由於處罰而解僱時，則通常不給付退休金。

　　但即使是解僱，也有由於公司的情況而解僱，例如因為企業的縮小、及合理化等減少產量而解僱。此種特殊情形之退休金，通常除了退休金外，另加津貼，一併給付。

　　關於退職，在人事管理上，不得不加以考慮的是，在上述的穩定化對策也曾提到，對於因個人的情況而退職之挽留工作，既經長期培養的人才，只因個人的情況，即將退職，就公司而言，確為一大損失。如果提出辭呈，即唯唯諾諾的核准，恐怕說不過去。

　　因此，在某人提出辭呈之前，即需掌握其動向，早日展開挽留的工作，實有必要。雖然薪資者在一生之中，可能辭去多少次的工作，

但應提醒其危機及週圍的環境，並多方勸導。如果能夠積極而有效的進行，其結果自然不同。

同時，對以退職的意見表明，在最後階段始採取行動往往是時不我予，應儘量可能的掌握機會。例如某人在提出辭呈以前，即行阻止，則其效果較大。

其次是停職，雖然仍是在職，但不必到公司上班，停止的條件，一般適用於下列各種情形。

①因傷病而長期不上班時。

②本人提出停職申請時。

③因刑事案件被起訴時。

④工作有困難而停職時。

停職時最重要的是，有關本公司的停職處理制度，應事前明確的通知有關人員，關於這點，特別是企業規模較小，極可能疏忽，應該留意。同時，制度上的關鍵，乃在停職給付之處理。

在停職時，其補償如何？對於停職人員，不啻是悠關生死的重要問題。在此情形之下處理，固然可依賴社會保險的工作者災害補償保險（勞災的保險）之停業補償給付，以及健康保險的傷病津貼的範圍內，給予救濟。但其給付率往往系於標準報酬以下，因此如由企業方面，予以補償，則構成停職給付之對象。

停職給付，在停職條件上分為有給及無給兩種，同時有給方面，一般系依工作年數以決定停職給付之給付額及給付期間。但是無論如何？並非在該情況發生時，始決定處理方針，而應在事前訂定一定的處理條件，並依此公平的處理。

3 明確考核人員

考勤人員是考勤制度的具體執行者，考勤人員是否正確履行其職責直接關係到考勤制度能否得到有效落實。因此，明確考勤人員的職責及其工作程序對企業建立嚴格的考勤制度十分重要。

考勤人員的職責主要有以下幾部份內容：

1. 日常考勤記錄

日常考勤記錄工作是考勤人員的日常工作，考勤人員必須按照考勤制度的具體規定和設置逐日如實記錄本班組員工到、離崗和休假時間。

在日常考勤記錄工作中，考勤人員必須按規定認真、及時、準確地記載考勤，填寫考勤情況記錄表或管理好刷卡工作。

2. 反映考勤工作問題

考勤工作中因為種種原因難免會出現各種各樣的問題，這些問題的長期積累可能會導致員工工作紀律的鬆懈和制度嚴肅性的破壞。因此，考勤人員的重要職責之一就是要根據日常考勤情況及時發現工作中的問題，積極反映，以使其得到正確的處理。

這項工作可能直接涉及到違反考勤紀律人員的切身利益，為防止出現考勤人員因各種主客觀原因徇私舞弊，一方面要儘量挑選那些公正無私的人擔任考勤職務，另一方面總經理也要及時關注解決考勤人員反映上來的問題，激勵考勤人員負責任地工作。

3.匯總上報情況

考勤情況匯總上報表是一段時期內考勤工作的綜合報告,考勤人員應該認真做好資料的匯總整理工作,按規定在月底填寫考勤匯總表(把各種假條附後,並附本月班次情況),經部門經理審核簽署後送人事部。

另外,對於員工的加班情況,考勤人員也應在月底的工作情況匯總中填寫加班表,連同考勤表一起上報人事部。由於匯總工作關係到考勤獎懲的落實,要求考勤員在進行整理時要製作一目了然的明細報表,以提高人事部的工作效率。

4.保管休假憑證

考勤人員的另一個重要職責就是保管好企業員工的各種休假憑證,並認真進行分類整理,以便查詢。

5.考勤員獎懲制度

由於考勤員工作的重要,因此必須建立與其職責配套的獎懲辦法並嚴格執行,以形成對考勤人員的激勵機制。

一般來說,對於認真負責、一絲不苟的考勤員,人事部要通過一定形式的公開獎勵來樹立工作的榜樣,而對於在考勤工作中漏報、謊報、錯報的人員,一經查出,除公開批評和實行懲罰外,嚴重的要及時調離崗位。

總之,考勤人員是一切具體考勤制度的直接落實者,考勤員職責的明晰與工作的負責將是嚴格考勤制度的重要保障,在考勤管理當中,絕不能忽略對考勤員的監管和檢查。

4　如何衡量考勤工作績效

考勤工作的根本目的在於建立對員工的日常約束和激勵機制，使員工形成自覺的紀律觀念，進而加強企業作為整體的凝聚力和戰鬥力。因此，有效地匯總檢查考勤情況是衡量考勤工作績效的關鍵。

一般來說，考勤工作的績效評價主要包括以下幾部份：

1. 考勤結果匯總

考勤工作作為企業內部一項長期制度，除了要在日常加強管理，嚴格考勤登記外，同時也需要定期將一個階段內的總的考勤情況進行整理匯總並呈報上級，使各項以考勤情況為標準依據的獎懲辦法能及時準確地得到落實。

一般來說，由負責考勤的人員定期整理考勤情況，制做考勤情況匯總登記表，並將各種假條和加班情況登記材料附後，在月底將匯總表呈送部門經理，經其核准簽署後送人事部。

2. 記分標準管理

為使考勤結果有一個明確的量化標準，公司還應該實行考勤結果的記分標準管理辦法，特別是在定期考勤匯總結果的公示過程中，一目了然的量化標準可以加強員工對自身行為的約束力度。

一般來說，考勤記分管理的標準可以規定如下：其一，每遲到一次扣一定分數；其二，每早退一次扣一定分數。

在規定了具體標準之後，一般還要附上相應的獎懲辦法：其一，

每扣一定分數減少一定比例的當月薪金;其二,每加一定分數增加一定比例的當月薪金。

這些標準都要公示,讓全體員工及時準確地瞭解。

3. 休假獎懲管理

針對部份員工可能濫用公司休假管理規定、以休假為由擅自離崗的情況,公司除應加強休假申請核准程序管理之外,還應該使休假期限與薪金獎懲直接掛鈎,以使員工正確地理解公司制定休假制度的目的。一般來說,對休假獎懲管理的規定有以下幾點:

首先,一般當月病假在一定天數下不扣目標獎,超過一定天數,按病假日抵扣目標獎和有關補貼;其次,按工作日計算,扣減目標獎和伙食補貼、崗位補貼,超過 15 天扣除當月全部目標管理獎及上下班交通補貼等;再次,法定產假期扣除上下班交通補貼及薪資外的伙食補貼、崗位補貼,超過的其他時間按事假對待。

4. 全勤和曠工獎懲辦法

除休假原因之外,對於無故曠工人員要給予特別嚴厲的處罰,以儆效尤;而對於長期堅持嚴格遵守考勤制度,自覺維護公司紀律的員工,則應當給予適當獎勵,以樹立榜樣,使考勤制度得到切實有效的貫徹執行。

對全勤人員的獎勵規定一般如下:對堅守崗位、出滿勤、幹滿點、盡職盡責,堅持原則,作為年終考核的重要內容,給予表揚和獎勵,發給相當數額的全勤獎金。

總之,考勤制度的嚴格與否最終體現在它的落實階段,使考勤結果同員工的行政和獎懲直接掛鈎,將會促使員工自覺遵守公司的各項考勤制度,形成良好的紀律,從而保證企業完成各項生產經營任務。

5　如何規範化員工請假、休假制度

在日常工作中，員工可能會因各種原因提出請、休假的請求，請、休假審核制度的嚴格與否將直接影響企業的生產經營秩序是否正常、員工的士氣是否飽滿。因此，為避免請、休假對正常工作造成的負面影響，必須在審核階段就嚴格把關。

1. 例常假規定

例常假指的是根據規定實行的普通休假，在正常情況下，公司職工依法享有例常休假的權利。目前，例常假主要有以下幾種：

⑴元旦　　⑵春節　　⑶國慶日　　⑷勞動節　　⑸每週六、日

另外，在特殊情況下，如必須在例常假日內加班，應按照規定給予員工加班津貼。

2. 請、休假分類規定

員工的請、休假種類應該有一個詳細具體的分類規定，具體來說，員工的請、休假可以分為以下幾種：

⑴事假，又分為有薪事假和一般事假兩種，前者一般在每月不滿一定天數（如 3 天）的情況下照發薪資，後者則不發薪資。

⑵病假，員工因病無法正常工作時，可憑醫院的病休證明准假。看病超過半天者按事假考勤。

⑶工傷，因公負傷、因公致殘，持醫院證明經人事部確認，可按工傷假考勤，工傷假期間薪資照發。

⑷婚假，員工結婚持結婚證書可享受適當婚假。另外，子女結婚、兄弟姊妹結婚也可酌情准假，但婚假不能分段使用。

⑸產假，一般為一或兩個月左右。

⑹喪假，員工直系親屬或姻親死亡，可適當准假，外地酌情計路程假，假期期間薪資照發。

⑺探親假，工作滿一年不能在公休假與居住異地的父母或配偶團聚的正式職工、喪偶滿一年未婚又有未成年子女者、自幼由養父母或撫養人撫養仍與其保持經濟關係並持有證明者、當年領取結婚證書者、已婚職工父母均在外地者可享受探親假，假期期間薪資照發，假期一般為一個月左右，探親假原則上一次使用，經批准可分兩次使用，分期使用者只計算一次路程假。

⑻公假，員工因兵役檢查或軍政機關的調訓不滿一月或在一定期限內可請公假，假期期間薪資照發。

3. 員工請、休假申請核准流程

員工申請請、休假，除應開具寫明充分請假理由的假條上交人事部備案外，特別要注意必須根據假種和細則規定的內容附上相關的證明材料以備查詢核實。

一般來說，對員工的請假申請進行核准登記的許可權如下：

⑴主管級以下人員，假期在一定期限內(如半天、一天等)由主管核准，三天以上由經理(主任)核准。

⑵主管級人員，假期在一定期限(如半天、一天等)內由經理核准，超過一定期限由協理或副總經理核准。

⑶經理級人員由協理以上主管核准。

員工的請、休假申請必須嚴格對照具體規定，按核准許可權範圍審批。

4. 特別休假規定

特別休假指的是各單位根據具體情況規定的自行安排的假期以及加班倒休的情況。對特別休假，一般有如下規定：

⑴每年元月由單位在不妨礙工作前提下，自行安排休假日期，特別休假表一式兩份，一份留存單位，一份逐級轉呈各部(室)經理(主任)核閱後，送人事部備查；

⑵特別休假期間應按規定辦理請假手續，並找職務代理人，辦妥職務交接後才能請假；

⑶基於業務上的需要不能休假時，可比照休假薪金發獎金；

⑷員工在休假前一年事、病假累積超過一定天數或曠工超過一定天數以上者不給予特別假待遇；

⑸員工平日加班按實際加班時間給予同等時間休假，確實不能倒休者，可按本人日平均薪資的一定比例計發加班薪資；

⑹倒休存假一般不能跨年使用。

對特別假，公司應進行嚴格的存休記載管理。

5. 逾期曠工處理規定

為嚴肅公司紀律，對曠工的員工應按規定予以嚴肅處理。

一般來說，以下幾種情況都以曠工論處：

⑴以不正當手段騙取、塗改、偽造休假證明。

⑵未請假或請假未獲批准，擅自離崗。

⑶不服從工作調動，經教育仍不到崗。

⑷被公安部門拘留。

⑸打架鬥毆、違紀致傷造成無法上班。

對於曠工者，一律扣發薪資，嚴重者應予辭退。

另外，職工因主客觀原因休假逾期者，可按以下規定處理：

⑴事假逾期按日計算扣發薪資，一年內事假累計超過一定天數者，可免職或解僱。

⑵病假逾期可以未請事假的假期抵消，事假不敷抵消時按日計算扣發薪資，但患重大疾病需要長期療養並經總經理核准者不在此限。

⑶特准病假期間薪金可折算一定比例發放。

⑷職工休假期滿而未到崗且不是由於疾病或其他不可抗力的原因時，一律按曠工計算。

總之，嚴格的請、休假制度能在公司內部起到凝聚人心、紀律嚴明的作用，主管人員應依據一定的標準，管理好請、休假審核，使請、休假制度更好地發揮獎勤罰懶的功效。

6 人事管理規章

總　則

第一條：目的

為使本公司員工管理有所遵循，特定本規則。

第二條：範圍

⑴本公司員工管理，除遵照政府有關法令外，悉依本規則辦理。

⑵本規則所稱員工，指本公司僱用的男女從業人員。

僱　用

第三條：本公司各單位如因業務需要，必須增加人員時，應先依新進人員任用事務處理流程規定提出申請，經總經理以上核准後，由

人事單位辦理考選事宜。

　　第四條：新進人員經考試或測驗及審查合格後，由人事單位辦理試用申請表，原則上職員試用 3 個月，作業員試用 30 天。期滿考核合格者方得正式僱用，但成績優良者，可縮短其試用時間。

　　第五條：試用人員如因品行不良或服務成績欠佳或無故曠職者，得隨時停止試用，予以解僱，試用未滿 3 日者，不給薪資。

　　第六條：試用人員於報到時，應向人事課繳驗下列表件：

⑴全戶戶口副本及公立醫院體格檢查表。

⑵最後服務單位離職證明。

⑶保證書及最近 3 個月內半身脫帽照片 1 張。

⑷試用同意書。

⑸人事資料卡。

⑹扶養親屬申報表。

⑺其他必要文件（如其它必要同意書或證件等）。

　　第七條：凡有下列情形者，不得僱用：

⑴奪公權尚未複權者。

⑵受有期徒刑宣告或通緝，尚未結案者。

⑶受禁治產宣告，尚未撤銷者。

⑷吸食鴉片或其他代用品者。

⑸虧欠公款受處罰有案者。

⑹患有精神病或傳染病者。

⑺品性惡劣，經公私營機關開革者。

⑻體格檢查經本公司認定不適合者。

⑼未滿 15 歲者，但國中畢業或經主管機關認定其工作性質及環境無礙其身心健康者不在此限。

第八條：員工一經正式僱用，臨時性、短期性、季節性及特定性的工作視情況簽訂「定期工作協定契約書」，雙方共同遵守。

第九條：⑴本公司各級從業人員共分 8 個職稱，其職稱與職位對照表如下。⑵從業人員晉升辦法另訂。

表 6-6-1　職位（等）及職稱配置表

職階	幕僚、管理、業務體系		生產體系		備註
	主管人員	非主管人員	主管人員	非主管人員	
一	董事長				
二	總經理				
三	副總經理				經正式核派代理或代行上一職階主管職務者，其職責概視同上一職階處理。
四	經理	高級管理師	廠長	高級工程師	
五	副理	管理師	副廠長	工程師	
六	主任、組長	助理管理師	組長	助理工程師	
七		業務員、辦事員	班長	技術員	
八		助理員		助理技術員、作業員	

保　證

第十條：本公司員工應一律辦理保證手續。

第十一條：填寫保證書應注意下列事項：

⑴保證書原則上要求殷實獨資或合夥的行號（鋪保）。

⑵公司保無效。

⑶如個人保，有不動產方有資格，並應詳列不動產明細。

⑷行號保證應蓋方型印鑑才有效。

第十二條：下列人員不得擔任保證人：

⑴服務本公司的員工。

⑵本人配偶、直系血親或同居共財的親屬。

第十三條：被保證人有下列情況之一者，保證人應負賠償及追繳責任，並願放棄先訴抗辯權：

⑴營私舞弊或其他一切不法行為，致使公司蒙受損失者。

⑵侵佔、挪用公款、公物或損壞公物者。

⑶竊取機密技術資料或財物者。

⑷懸欠賬款不清者。

第十四條：保證人如欲中途退保，應以書面通知本公司，待被保證人另覓得保證人，辦妥新保證手續後，才能解除保證責任。

第十五條：保證人有下列情事之一者，被保證人應立即通知公司更換保證人，並於 15 天內，另覓妥連帶保證人：

⑴保證人死亡或犯案者。

⑵保證人被宣告破產者。

⑶鋪保工廠、商店宣告倒閉或解散者。

⑷保證人信用、資產有重大變動，因而無力保證者。

⑸不欲繼續保證者。

第十六條：被保人離職 3 個月後，如無手續不清或虧欠公款等情事，其保證書即發還其本人。

服　務

第十七條：員工應遵守本公司一切規章、通告及公告。

第十八條：員工應遵守下列事項：

⑴盡忠職守，服從主管，不得有陽奉陰違或敷衍塞職行為。

⑵不得經營與本公司類似及職務上有關的業務，或兼任其他廠商職務。

⑶全體員工務須時常鍛鍊自己的工作技能,以達到工作上精益求精,期能提高工作效率。

⑷不得洩漏業務或職務上的機密,或假借職權,貪污舞弊,接受招待或以公司名義在外招搖撞騙。

⑸員工於工作時間內,未經核准不得接見親友或與來賓參觀者談話,如確因重要事故必須會客時,應經主管人員核准在指定地點,時間不得超過 15 分鐘。

⑹不得攜帶違禁、危險品或與生產無關的物品進入工作場所。

⑺不得私自攜帶公物(包括生產資料及影本)出廠。

⑻未經主管或部門負責人允許,嚴禁進入變電室、品管室、倉庫及其它禁入重地;工作時間中不准任意離開崗位,如須離開應向主管人員請准後才能離開。

⑼員工每日應注意例行作業地點及更衣室、宿舍的環境清潔。

⑽員工在作業開始時間不得怠慢拖延,作業中應全神貫注,嚴禁看雜誌、電視、報紙、抽煙,以期增進工作效率並防危險。

⑾應通力合作,和衷共濟,不得吵鬧、鬥毆、搭訕攀談或互為聊天閒談,或搬弄是非或擾亂秩序。

⑿全體員工必須瞭解,只有努力生產,提高品質,才能獲得改善及增進福利,以達到互助合作,勞資兩利的目的。

⒀各級主管及各級單位負責人須注意本身涵養,提高工作情緒,使部屬精神愉快,在職業上有安全感。

⒁在工作時間中,除主管及事務人員外,員工不得接打電話,如確為重要事項時,應經主管核准後方得使用。

⒂按規定時間上、下班,不得無故遲到、早退。

第十九條:員工每日工作時間以 8 小時為原則,生產單位或業務

單位每日作息另訂公佈實施，但因特殊情形或工作未完成者應自動延長工作時間，但每日延長工作時間不超過 4 小時，每月延長總時間不超過 46 小時。

第二十條：經理級（含）以下員工上、下班均應親自打卡計時，不得托人或受託打卡，否則雙方按曠職（工）一日論處。

第二十一條：員工如有遲到、早退或曠職工等情事，依下列規定處分：

⑴遲到、早退

①員工均須按時上、下班，工作時間開始後 3 分鐘至 15 分鐘以內到班者為遲到。

②遲到每次扣 30 元，撥入福利金。

③工作時間終了前 15 分鐘內下班者為早退。

④超過 15 分鐘後才打卡到工者應辦理請假手續，但因公外出或請假已報備並經主管證明者除外。

⑤無故提前 15 分鐘以上下班者以曠職（工）半日論，但因公外出或請假經主管說明者除外。

⑥下班忘記打卡者，應於次日經單位主管證明才視為不早退。

⑵曠職（工）

①未經請假或假滿未經續假而擅自不到職，以曠職（工）論。

②委託或代人打卡或偽造出勤記錄者，一經查明屬實，雙方均以曠職（工）論。

③員工曠職（工），不發薪資及津貼。

④無故連續曠職 3 日，或全月累計無故曠職 6 日，或一年曠職達 12 日者，逕予解僱，不發給資遣費。

待 遇

第二十二條：本公司一本勞資兼顧互助互惠之原則，給予員工合理之待遇（其待遇辦法另訂）。

第二十三條：員工待遇分為：

⑴本薪

①視從業人員之學識、經歷、技能、體格及其工作性質而定（金額另訂），從業人員之年度薪資調整方案由人事單位擬訂，呈總經理核定後調整 （通知或公佈）。

⑵津貼（各項津貼支付標準另訂）

	職員	作業員	備註
1	主管加給	主管加給	
2	生活津貼	生活津貼	
3	伙食津貼	伙食津貼	
4	交通津貼	交通津貼	
5	工作津貼	工作津貼	
6		加班餐（點心）費	
……	……	……	

⑶獎金

	職員	作業員	備註
1	效率獎金	效率獎金	
2	目標獎金	目標獎金	
3	全勤獎金	全勤獎金	職員全勤獎金限生產（工廠）部門適用
4	年終獎金	年終獎金	

第二十四條：員工待遇，分日薪及月薪兩種，月薪人員翌月 5 日

發放一次，日薪人員每月發放 2 次，當月 20 日及翌月 5 日發放本月上半月及前月下半月薪津。

第二十五條：臨時性、特定性或計件等工作人員的待遇，另按臨時、計件人員薪酬管理辦法辦理。

休　假

第二十六條：員工除星期日休息外，國定休假日如下：

⑴元月 1、2 日　　　　　開國紀念日

⑵ 3 月 8 日　　　　　婦女節(僅適用於女性員工)

⑶ 3 月 29 日　　　　　青年節

⑷ 4 月 5 日　　　　　先總統蔣公逝世紀念日

　　　　　　　　　　民族掃墓節

⑸ 5 月 1 日　　　　　勞工節(限生產單位)

⑹農曆五月初五　　　　端午節

⑺農曆八月十五　　　　中秋節

⑻ 10 月 10 日　　　　國慶紀念日

⑼ 10 月 25 日　　　　台灣省光復節

⑽ 10 月 31 日　　　　蔣公誕辰紀念日

⑾ 11 月 12 日　　　　國父誕辰紀念日

⑿ 12 月 25 日　　　　行憲紀念日

⒀農曆春節、農曆除夕、正月初一、初二、初三(如延長休假，且超出日數視為特別休假)。

第二十七條：前條休假日薪資及津貼照給，如工作需要加班時，應徵得員工同意，並按規定發給加班費，國定假日如逢星期假日其補假與否據依政府規定辦理。

第二十八條：員工繼續工作滿一定期間，每年給予特別休假。

⑴服務滿 1 年以上未滿 3 年者，全年給 7 天特別休假。

⑵服務滿 3 年以上未滿 5 年者，全年給 10 天特別休假。

⑶服務滿 5 年以上未滿 10 年者，全年給 14 天特別休假。

⑷服務滿 10 年以上者，特別休假每增一年加 1 天，但最多以 30 天為限。

第二十九條：員工特別休假，應自屆滿規定時間後，由勞資雙方在不妨害生產或業務的原則下，事先共同排定休假日期實施，並按請假程序辦理。

第三十條：員工如符合特別休假條件，而未休假者，至年終時發給假期代金。

第三十一條：員工留職停薪不予特別休假。

請　假

第三十二條：員工請假分為八種。（下表請參考，酌予修改）

假別	給假日期	請假原因	應繳證件	薪資	說明
事假	全年 14 日內	因事必須本人處理		不給薪資	1. 請假理由不充分或足以妨礙業務者，不准假或縮短假期或暫緩。 2. 請假期間如含例假日應合併計算。 3. 事假 1 次不超過 3 日。 4. 每次請假至少 2 小時計算。 5. 逾規定日數須呈總經理核准否則視同曠職。
病假	全年 30 日內	因病治療及休養	明連續以內一月以上須附醫師診斷書 主管一次 2 日或分 3 日者	1. 不超過 30 天的給予薪資 50%，有勞保者可抵充。 2. 病假須繳回勞保就醫回條。	
公假	所需日數	兵役體檢、身家調查、教育召集點閱集召、基地軍政機關等一個月內的調訓	繳驗有關證件	照給	1. 因其他特殊情事申請公假者，應由部課主管斟酌裁決。 2. 役男點召由人事部門代為辦理就近代點。

續表

公假	所需日數	兵役體檢、身家調查、教育召集、點閱召集、基地召集及軍政機關等一個月內的調訓	繳驗有關證件	照給	3. 目的地距離原服務處所 100 公里以上時，往復給半日路程假 4. 目的地距原服務處所 200 公里以上時，往復給一日路程假，交通不便地區，由部課主管視實際情況酌予延長。
公傷假	2 年	因執行職務受傷，但以勞保「因執行職務而致受傷」審查準則為依據	單位主管證明勞保指定醫院診斷證明	本薪照發（但應扣減）保險給付	1. 超過 30 天以上須呈總經理核准。 2. 所需日數應依醫生證明核給，但逾 18 個月未能銷假者予留職停薪 12 個月或命令退休。
婚假	8 日	本人結婚	主管證明	照給	需連續一次申請
喪假	8 日	父母（養）繼父母配偶的曾祖父母	主管證明	照給	自事發日起至出殯日後第二日止，以日為計算單位，可分次申請。
	6 日	配偶父母、祖父母、子女			其他親屬的喪禮如有必要參加，依工廠法規定應請事假。
	3 日	外祖父母或配偶祖父母喪亡			
產假	8 星期	本人分娩	主管證明	六個月以上薪資照給，未滿 6 個月減半照給。	妊娠 3 個月以上流產或死產，給假 4 星期（但須繳附醫師證明）
	1 日	配偶分娩		照給	
特別休假	依服務年資給予，其規定依本規則第二十七條至三十條規定辦理。				
備註	1. 計算全年可請事病假日數均由每年元月 1 日起至 12 月 31 日止，中途到離職者按月份此例計算。 2. 上列各項請假期間，如含例假日應合併計算。				

第三十三條：員工請假，事假應於一日前覓妥職務代理人並填寫請假卡，照下列規定辦妥後方得離廠，否則以曠職(工)論；但因突發事件成急病不及先行請假者，應利用電話迅速向單位主管報告，並於當日由單位主管或其代理人依下列規定代辦妥請假手續，否則亦視同曠職(工)論。

⑴請假一天(含)以內時，報請班長轉呈副廠長核准。

⑵請假二天(含)以上，報請主管轉呈經理或廠長核准。

⑶請假批准後，請假單一律送人事單位留序辦理。

第三十四條：請假未滿半小時者，以半小時計算，累積滿 8 小時為一日，給假日期計算均自每年 1 月 1 日起至同年 12 月 31 日止，中途到職者，此例扣減。

獎　懲

第三十五條：員工獎勵分下列四種：

⑴嘉獎：每次加發 3 天獎金，並於年終獎金時一併發放。

⑵記功：每次加發 10 天獎金，並於年終獎金時一併發放。

⑶大功：每次加發 1 個月獎金，並於年終獎金時一併發放。

⑷獎金：一次給予若干元獎金。

第三十六條：有下列事情之一者，予以嘉獎：

⑴品性端正，工作努力，能適時完成重大或特殊交辦任務者。

⑵拾金不昧(價值 300 元以上)者。

⑶熱心服務，有具體事實者。

⑷有顯著善行佳話，足為公司工廠榮譽者。

⑸忍受勉為困難、骯髒難受工作足為楷模者。

第三十七條：有下列事情之一者，予以記功：

⑴對生產技術或管理制度建議改進，經採納施行著有成效者。

⑵撙節物料或對廢料利用，著有成效者。

⑶遇有災難，勇於負責，處置得宜者。

⑷檢舉違規或損害公司利益者。

⑸發現職守外故障，予以速報或妥為防止損害足為嘉許者。

第三十八條：有下列事情之一者，予以記大功：

⑴遇有意外事件或災害，奮不顧身，不避危難，減少損害者。

⑵維護員工安全，冒險執行任務，確有功績者。

⑶維護公司或工廠重大利益，避免重大損失者。

⑷有其他重大功績者。

第三十九條：有下列事績之一者，予以獎金或晉級：

⑴研究發明，對公司確有貢獻，並使成本降低，利潤增加者。

⑵對公司有特殊貢獻，足為全公司同仁表率者。

⑶一年內記大功二次者。

⑷服務每滿 5 年，考績優良，未曾曠工或受記過以上處分者。

第四十條：員工懲罰分為五種：

⑴申誡：每次減發 3 天獎金，並於年終獎金時一併減發。

⑵記過：每次減發 10 天獎金，並於年終獎金時一併減發。

⑶大過：每次減發 1 個月獎金，並於年終獎金時一併減發。

⑷降級。

⑸開除。

第四十一條：有下列特殊情事之一者，予以申誡：

⑴未經許可，擅自在廠內推銷物品者。

⑵上班時間，躺臥休息，擅離崗位，怠忽工作者。

⑶因個人過失致發生工作錯誤，情節輕微者。

⑷妨害生產工作或團體秩序，情節輕微者。

⑸不服從主管人員合理指導，情節輕微者。

⑹不按規定穿著服裝或佩掛規定標誌或穿拖鞋上班者。

⑺不能適時完成重大或特殊交辦任務者。

第四十二條：有下列情事之一者，予以記過。

⑴對上級指示或有期限之命令，無故未能如期完成，致影響公司權益。

⑵在工作場所喧嘩、嬉戲、吵鬧，妨礙他人工作不聽勸告者。

⑶對同仁惡意攻擊或誣害、偽證，製造事端者。

⑷工作中酗酒致影響自己或他人工作者。

⑸未經許可不候接替先行下班者。

⑹因疏忽致機器設備或物品材料遭受損害或傷及他人者。

⑺未經許可攜帶外人入廠參觀者。

第四十三條：有下列情事之一者，予以記大過：

⑴擅離職守，致公司蒙受重大損失者。

⑵在工作場所或工作中酗酒滋事，影響生產、業務、事務等團體秩序者。

⑶損毀塗改重要文件或公物者。

⑷怠忽工作或擅自變更工作方法，使公司蒙受重大損失者。

⑸不服從主管人員合理指導，屢勸不聽者。

⑹輪班制員工抗不接受輪班者。

⑺工作時間內，作其他事情，如睡覺、玩弄樂器、下棋、閱讀、炊煮等(幹部連帶處分)。

⑻一個月內曠職(工)達五日者。

⑼機器，車輛、儀器及具有技術性的工具，非經常使用人及單位主管同意擅自操作者(如因而損害並負賠償責任)。

⑽其他重大違規行為者(如違反安全規定措施，情節重大者)。

第四十四條：有下列情事之一者，予以開除(不發資遣費)：

⑴對同仁暴力威脅、恐嚇、妨害團體秩序者。

⑵毆打同仁，或相互毆打者。

⑶在公司廠區、宿舍內賭博者。

⑷偷竊或侵佔同仁或公司財物經查事實者。

⑸無故損毀公司財務，損失重大或第二次損毀塗改重大文件或公物者。

⑹未經許可，兼任其他職務或兼營與本公司同類業務者。

⑺在公司服務期間，受刑事處分者。

⑻一年中記大過滿二次功過無法平衡抵銷者。

⑼無故連續曠職 3 日，或全月累計曠職 6 日，或一年曠職達 12 日者。

⑽煽動怠工或罷工者。

⑾吸食鴉片或其他毒品者。

⑿散播不利於公司謠言者或挑撥勞資雙方感情者。

⒀偽造或變造或盜用公司印信者。

⒁攜帶刀槍或其他違禁品或危除品入廠(公司)者。

⒂在工作場所製造私人對象或喚使他人製造私人物件者。

⒃故意洩漏公司技術，業務上機密緻公司蒙受重大損害者。

⒄利用公司名譽在外招搖撞騙，致公司名譽受損害者。

⒅明示禁煙區內吸煙者。

⒆參加非法組織者。

⒇擅離職守，致生變故使公司蒙受損害者。

㉑其他違反法令或勞基法或本規則規定情節重大者。

第四十五條：員工功過抵銷規定如下：

⑴嘉獎與申誡抵銷。

⑵記功乙次或嘉獎三次，抵銷記過乙次或申誡三次。

⑶記大功乙次或記功三次，抵銷大過乙次或記過三次，員工功過抵銷以發生於同一年度內者為限。

考　績

第四十六條：員工考績分為：

⑴試用考核：員工試用期間(職員 3 個月，作業員 40 天)由試用單位主管負責考核，期滿考核合格者，填具「試用人員考核表」報總經理核准及公佈後，方能正式僱用。

⑵平時考核：

①各級主管對於所屬員工應就其操行、學識、經驗、能力、工作效率、勤惰等，隨時作嚴正之考核，凡有特殊功過者，應隨時報請獎懲。

②人事單位應將員工假勤獎懲隨時記錄，以為辦理年度考核之參考。

⑶年度考績：其辦法另訂。

第四十七條：考績成績分為優、甲、乙、丙、丁五種。

第四十八條：員工年度考績定每年元月舉行，由直屬單位主管考核並由考核小組核定。

第四十九條：辦理考績人員，應嚴守秘密，不得循私舞弊。

加　班

第五十條：本公司如因生產或業務需要，於辦公時間以外指定員工加班，被指定員工，除因特殊事故經主管核准者外，不得拒豔，違者以不服從論處。

第五十一條：作業員加班，事先由單位主管代為申請，呈該廠（副）主管核准後方得加班，並須按規定打卡，否則不給加班費。

第五十二條：加班費計算，作業員依平日加班每小時薪資加給1/3；例假日加班加給假日薪資，但假日工作時間未滿 8 小時，按比例加給薪資。

第五十三條：作業員如在加班時間內擅離職守者，除不發給加班費外，就其加班時數予以曠職論處。

第五十四條：員工加班情形，由管理單位按月統計備查。

出　差

第五十五條：員工出差分「長程出差」與「短程出差」二種，凡當天能往返者，為「短程出差」；一天以上者，為「長程出差」。

第五十六條：長程出差及短程出差（其辦法另訂之）。

訓　練

第五十七條：為陶冶員工品德，提高其素質及工作效率，舉辦各種教育訓練，被指定參加員工無特殊原因，不得拒絕參加。

第五十八條：員工訓練分為：

⑴職前訓練：新進人員應實施職前訓練，由人事單位統籌辦理，內容為：

①公司簡介及人事管理規則講解。

②業務特性、機器性能、作業規定及工作要求說明。

③指定資深及專業人員輔導作業。

⑵在職訓練：員工應不斷研究學習本職技能、相互砥礪；各級主管尤應相機施教，以求精進。

⑶專業訓練：視生產或業務需要，遴選優秀幹部至各職業訓練機構相關班次，接受專業訓練，或邀請專家學者來本公司作系列專題演

講，以增進其本職學術技能，以利任務達成。

遷　調

第五十九條：公司基於業務上需要，隨時調動任一員工職務或服務地點，被調員工應予配合。

第六十條：各單位主管就所屬人員依其個性、學識、能力，調配適當工作，務使人盡其才，才盡其用。

第六十一條：員工接到調職通知書後，單位主管應於 7 日內，一般員工應於 5 日內辦妥移交手續，逕往新職單位報到。

第六十二條：員工調職，如駐地遠者，得比照出差規定支給差旅費，其隨行之直系眷屬，得憑乘車證明支給交通費。

第六十三條：調任員工在接任者未到職前，其所遺職務由原直屬主管指派適員暫行代理。

留職停薪

第六十四條：員工有下列情形之一者，簽請留職停薪：

⑴久病不癒，逾 30 天者。

⑵因特殊事故，呈請核准者。

第六十五條：留職停薪期間，以一年為限，但經公司總經理特准者除外。

第六十六條：留職停薪期間年資不計，但服兵役者不在此限。

第六十七條：留職停薪期滿後，未辦理複職者，視為離職。

第六十八條：員工於留職停薪期間擅就他職，經查明屬實者，予以免職。

福　利

第六十九條：本公司為安定員工生活，增進員工福利，設立員工福利委員會（規章另定），辦理有關員工福利事宜。

第七十條：員工婚喪、住院，致贈禮金、奠儀或慰問金，其給與標準另訂。

第七十一條：依勞動基準法規定，發給員工年終獎金，員工在同一年度內所有功過經抵銷後，增減其年終獎金。

保　　險

第七十二條：員工一律參加勞工保險，於僱用時由人事單位辦理。

第七十三條：員工參加勞工保險後，除依法享受各項權利及應得各種給付外，不得再向本公司要求額外賠償或補助。

撫　　恤

第七十四條：員工因公而致殘廢或死亡時，依勞工保險條例向勞保局申請給付，始尚未參加勞保者，其津貼及輔助事宜悉依勞工保險有關規定予以補償。

退　　休

第七十五條：員工退休，依勞工基準法工人退休規則及有關規定辦理（辦法另訂）。

資　　遣

第七十六條：員工有下列情形之一時，得予資遣。

⑴歇業或轉讓時。

⑵虧損或業務緊縮時。

⑶不可抗力暫停工作在 1 個月以上時。

⑷業務性質變更，有減少勞工必要，又無適當工作可安置時。

⑸勞工對於所擔任工作確不能勝任時。

第七十七條：員薪資遣先後順序：

⑴歷年平均考績較低者。

⑵曾受懲誡者較未受懲誡者。

⑶工作效率低者。

第七十八條：員薪資遣，通知日期如下：

⑴在公司服務 3 個月以上未滿 1 年者，於 10 日前通知。

⑵在公司服務 1 年以上未滿三年者，於 20 日前通知。

⑶在公司服務 3 年以上者，於 30 日前通知。

第七十九條：員工接到前條通知後，為另謀工作得於工作時間請假外出，但每星期不得超過 2 日工作時間，請假期間薪資及津貼照給，如未能依照前條規定通知而即時終止僱用者，依前條規定預告期間薪資及津貼照給，如經預告，發給預告期間薪資。

第八十條：員工因受懲罰而開除或自行辭職者，不以資遣論。

第八十一條：員薪資遣，依下列規定發給資遣費：

⑴在公司繼續服務每滿 1 年者，發給相當於 1 個月平均薪資的資遣費。

⑵在本公司工作年資滿 3 年以上者，每滿 1 年加發相當於 10 天本薪的資遣費，但剩餘月數，或工作未滿一年者，以比例計給，未滿 1 個月者以 1 個月計。

安全與衛生

第八十二條：本公司各單位應隨時注意工作環境安全與衛生設施，以維護員工身體健康。

第八十三條：員工應遵守公司有關安全及衛生各規定，以保護公司及個人安全。

第 七 章

總務部門的出差管理

1 建立有效的出差制度

現代行政管理活動是不可能局限於某一個特定區域的，生產經營活動擴張到那里，相應的行政管理活動也要緊隨服務到那里，其活動區域隨生產經營活動拓展而不斷擴大。為了加強區域間的合作，出差活動是必不可少的。為了提高出差效率，行政部門必須制定出詳細的出差管理制度。

從差旅申請和審批開始著手，直到費用報銷，對這一系列活動進行有效的管理。主要要強化出差的審批工作。通常而言，出差審批關鍵在於對出差審批許可權的管理，出差的審批許可權視出差人員的職位大小和出差時間長短而定。一般而言，企業部門經理或副經理以下的人員出差，時間若在一天以內（包括一天），由所在部門經理或副經理批准，時間若在一天以上，由總經理或副總經理批准。部門經理

或副經理出差，一律由總經理批准。

　　一般來說，出差管理通常包括四個方面的內容：出差的申請與審批；出差遵循事項；差旅費標準、預支以及報銷事項和出差途中特殊事項的處理。

　　同時，在出差基本制度的制定和執行過程中應該遵循以下幾個原則：

1. 具體詳細

　　出差管理是一項瑣碎繁雜的工作，因為行政部門的出差活動涉及的面很廣，出差過程本身又十分複雜。所以出差制度的制定應該本著具體詳細的原則，將出差活動的各個環節細緻週到地考慮進去。這樣才能夠保證出差制度在制定出來以後具有較高的實用性和可操作性，以便在實際的行政管理活動中幫助管理者，提高出差管理的效率。

2. 條例清楚

　　出差制度涉及的內容紛繁複雜，因此為了使出差制度便於操作，執行起來更加清楚明瞭，我們需要在制定過程中堅持這樣一個原則：盡量使制度條例清楚直白。這樣，能夠方便出差管理，簡化程序，也能使行政部門所制定出來的出差制度具有較長的可施行期限，即延長制度壽命。

3. 制度文字化

　　毫無疑問，出差管理制度在整個行政管理活動中佔有基礎的地位。使這項制度成文是最起碼的要求。因為只有成文的制度才能在執行過程中保證其權威性、公正性和連續性，出差管理才能夠做到有章可循。

4. 統一性

　　所謂出差制度的統一性，是指在出差制度的制定過程中，無論出

差活動的主體是誰，無論出差活動的時間、地點有何不同，也無論出差活動的性質是國內出差還是涉外出差，都應該有一套統一明確的規定，應當做到一視同仁，制度面前人人平等。這對於出差制度能否在各級別的行政人員出差活動中得到有效的貫徹執行是十分重要的。

5. 變通性

出差活動畢竟是一項具體的行政工作，有許多不可預測因素。而這些預料之外的事情的發生並不能夠在制度中完全得以體現。基於此，我們在制定出差制度的過程中應該適當留有餘地，在執行過程中也應當隨情況不同而靈活變通。

總之，要想從容應對紛繁的各項出差活動，使出差管理制度化，提高出差活動效率，嚴格有關出差紀律，就應當遵循以上 5 個原則。H 公司的出差管理辦法總則如下：

出 差 管 理 辦 法

第一條　為規範行政管理程序，並培養員工廉潔、勤勉、守紀、高效的精神，特對員工出差作出如下規定。

第二條　員工出差按照如下程序辦理：

⑴出差前填寫「出差申請單」，期限由派遣負責人按需予以核定，並按程序登記審核。

⑵憑「出差申請單」向財務部預支一定數額的差旅費。返回後一週內填具「出差旅費報告單」並結清暫付款，在一週以外報銷者，財務部應於當月薪金中先予扣回，待報銷時一併結算。

⑶差旅費中「實報」部份不得超出合理數額，對特殊情況應由出差人出具相關報告及其證明。否則財務人員有權拒絕受理。

第三條　出差審批程序和許可權如下：

(1)國內出差：一日以內由部門主管核准，超過一日由經理核准。
經理以上人員出差一律由總經理核准。

(2)國外出差：一律需由總經理核准。

第四條　　出差行程中除特殊情況外一般不得報銷加班費和假日
出差加薪。

第五條　　出差途中除因為公務、疾病或意外災害經部門主管允許
延時外，不得藉故延長出差期限，否則不予報銷延長期間的相關費
用，並依情節輕重給予紀律處分。

表 7-1-1　出差申請單

出差人		職務	
代理人		職務	
出差時間	年　　月　　日起至　　年　　月　　日計　　天		
出關地點		同行人	
擬乘車、機次		借支旅費	
出差任務			
總經理		部門主管	申請人

表 7-1-2　出差旅費報告單

姓名		部門		職務	
出差事由					

月	日	起止地點	交通費			住宿費	伙食費
			汽車	火車	飛機		
合計							
總經理　　　　部門主管　　　　財務部　　　　出差人							

表 7-1-3　差旅費實報單

職務費用	總經理	副總經理	部門主管	一般職員
交通費	軟臥實報	軟臥實報	硬臥實報	硬臥實報
住宿費				
伙食費　早餐				
午餐				
晚餐				
通訊費				
其他費用				
總經理　　　　部門主管　　　　財務部門　　　　出差人				

2 國內出差制度

　　國內出差是日常行政活動中最為普遍的一種出差形式。有的行政部門需要進行出差活動的頻率甚至相當高。

　　因此，制定一套完善有效的國內出差制度，不僅對於管理者，而且對於提高國內出差活動的效率來說是十分必要的。

1. 國內出差申請程序

　　在需要進行國內出差時，應由部門主管委派、出差人親自填寫「出差申請單」，並按照程序由部門主管核定簽字。出差人填寫完「出差申請單」後應上交行政辦公室備案。

　　「出差申請單」上通常應註明以下幾點內容：

　　(1)出差人姓名

　　(2)預定出差時間

　　(3)出差地點(多個地點時，按照實際出差順序填寫)

　　(4)出差具體任務(此欄應著重具體填寫)

　　(5)預計出差費用，車旅費、伙食費、住宿費、通訊費用等

2. 國內出差審批程序

　　出差審批的關鍵在於：應當明確出差審批許可權的具體歸屬，即要嚴格出差審批許可權的管理。出差審批許可權應視出差人員的職位高低、出差範圍以及具體出差時間長短來定。

　　一般行政人員出差，時間若在一天以內應由其所在部門主管審

批；時間若在一天以上，須由總經理或副總經理審批。行政部門主管出差時，全部由總經理審批。「出差申請單」經核准後，可以憑費用預支單，去財務部門辦理相應的費用預支手續。

一般來說，行政人員的出差活動應當遵循以下原則：

⑴必須遵守出差制度的各項具體細則。

⑵遇特殊情況時，應先與部門主管取得聯繫，如：需要延長出差時間、出差任務有變動等。

⑶在遭遇緊急情況時，出差人可先依情況隨機處理，待情況解決或緩解時，再與部門主管或總經理取得聯繫，彙報情況及具體解決辦法。

⑷出差人應以完成預定的出差任務為首要目標。

3. 國內出差的消差程序

出差任務完成後，出差人回到公司，應該立即到有關行政部門報到消差，並儘快上交詳細的出差報告，向上級部門主管彙報出差任務的完成情況。必要時，可由部門主管進一步向上級彙報，並將報告送上級審閱。

4. 國內出差的費用管理

出差人出差回來一週時間內，應主動向財務部門辦理出差費用報銷手續。超過規定期限不報者，若無正當理由，財務部門有權依照有關規定予以處理。具體費用經由財務部門、部門主管以及總經理審核簽字後便可由財務部門向出差人支付。

出差費用報銷應遵循以下原則。出差費用報銷的範圍是：

⑴鐵路、公路、航空等交通費；

⑵出差期間的住宿費用；

⑶出差期間的通訊費用；

⑷節假日出差的應予以一定的出差補貼；

⑸伴隨出差過程中發生的因傷病治療，費用可以報銷；

⑹伴隨出差發生的其他正當費用；

⑺交通費用依照等級和票據實報實銷；

⑻出差補貼用於出差人的飲食和其他費用的支出，按照規定的數額予以報銷；

⑼出差期間住宿費用按照實際出差的天數予以報銷；

⑽出差期間通訊費用按照相應的報銷憑證予以報銷；

⑾超出報銷範圍的出差費用如沒有特定理由的，不予報銷；

⑿無故或未經批准延長出差時間的，對延長時間內的相關費用，不予報銷。

3 國外出差制度

當您的業務範圍拓展到境外時，出差活動國際化也就是自然而然的事了，所以，公司還需要制定一套完善的國外出差制度：

1. 制定國外出差制度的原則

與制定國內出差制度的原則大體上是一致的，兩種出差活動的根本區別就在於出差地域範圍的不同。因此，制定國外出差制度除了應該遵循國內出差的基本原則外，還應注意以下幾個方面：

⑴由於不同國家的地理位置以及人文環境的不同，國外出差活動應當充分考慮出差地的各種特殊情況，包括氣候、風俗、交通狀況等

因素。這就需要在進行正式出差活動之前做好充分準備。

⑵國外出差較國內出差來說，還有一個特殊環節就是：獲得擬去出差所在國的簽證。出差人在出差以前，應由其所在單位的外事主管部門負責向有關部門申請護照、簽證等手續並將所有手續在出差人出差之前替其辦理完畢。

⑶由於國外出差的路程普遍較遠，時間也相對較長，因此，出差人與公司主要負責人要時刻保持聯繫，及時向主管部門彙報任務完成情況，就顯得格外重要。

2. 國外出差人員的資格認定

「涉外無小事」，一般來說，有國外出差資格的人員包括：

⑴董事長、副董事長一級；

⑵總經理、副總經理一級；

⑶涉及外事活動的相關部門的主管；

⑷如外事活動涉及到技術或談判等方面，則出差人員還可以包括相關技術人員以及談判人員。

⑸如到國外工作，人員可包括：各部門中青年技術骨幹及其他優秀人才。

國外出差制度更加複雜，雖然與國內出差制度在本質要求上是一致的，但在對後者進行設計時，要更富有國際眼光，借助國際通用的規範。

國 外 出 差 制 度

第一條　國外出差基本費用包括：交通費、每日生活費（伙食費及住宿費）、通訊費等。

第二條　國外出差人員一般包括總經理、副總經理、相關部門的

部門主管、各涉外項目主要技術負責人。

第三條　出國人員出國前須填寫出國計劃表：

表 7-3-1　出國計劃表

姓名		所屬部門	
預計出國日期	年　　月　　日至　　年　　月　　日共計　　日		
實際出國日期	年　　月　　日至　　年　　月　　日共計　　日		
出國地點			
出差任務及主要目的			
總經理　　　　　　　　部門主管　　　　　　　　出差人			

第四條　出差費用支付主要依照下表：

表 7-3-2　出差費用表

費用日期	交通費	伙食費	住宿費	通訊費	其他
總經理　　　　部門主管　　　　財務部門　　　　出差人					

(1)具體費用應憑相關報銷憑證予以報銷；

(2)如出差過程中的食宿均由相關國外公司負擔時，則不予報銷，每日支付費用除通訊費外，另給予 25 美元的生活補貼；

(3)出國人員(總經理、副總經理除外)外出交通費用中航空費一律按經濟艙標準支付；

(4)出國人員計劃外行程的各項費用須由總經理審核簽字後，方可

予以報銷。

第五條　出國人員回國後,應在一週內向其所屬部門主管上交出差報告,彙報出差任務的完成情況。並由部門主管負責向總經理彙報,由總經理審核出差報告,並簽字存檔。

 # 4 怎樣的出差管理標準才不浪費

1. 出差分為國內出差及國外出差兩種。

2. 當日可往返者,不視為出差,但可報支交通費及誤餐費。

3. 出差時,須先填「出差申請單」(見表 7-4-1),經核准後一份送人事單位備查。

表 7-4-1　出差申請單

年　月　日

日期	自　年　月　日至　年　月　日　共計　天		地點	
單位	課　　組	職稱:	姓名	
出差事由				
預定工作計劃				
廠長		副廠長		課長

表 7-4-2　出差工作報告單

年　　月　　日

出差地點					出差日期			
出差事由								
出差工作說明								

日期		宿費	交通費			膳雜費	其他費用	合計
月	日		起訖地點	乘車種類	金額			
合計								

總計	萬	千	百	十	元	角整

廠長		副廠長		課長		出差人	

表 7-4-3　出差旅費申請單

出差日期		地點	
事由			
申請旅費內容			
預支金額	萬　　千　　百　　十　　元整		

廠長		副廠長		課長		借款人	

4. 出差回來後兩天內應填報「出差工作報告單」（見表 7-4-2）報告出差情形及報支有關費用。

5. 出差前可先預支旅費（見表 7-4-3）返回後面報銷。

6. 各級人員國內出差旅費報支標準如下：

費用區分 職等區分	交通費	膳雜費	住宿費
第1、2職等人員經理級1以上人員	實報實銷	3000元/日	實報實銷
第3職等人員課長級人員	飛機以外的各項班車	2000元/日	3000元/日
第4職等人員班長、組長級人員	同上	1000元/日	2000元/日
第5、6職等人員其他一般人員	鐵路：復興號以下 公路：各項班車	1000元/日	1500元/日
備註	1. 若以自用車為工具時，依鐵公路最高票價報支。 2. 赴出差地之短程計程車費視實際報支。 3. 其他費用如過橋費、高速公路收費等實報實銷。 4. 交通費及住宿費需檢具單據報支，否則折半核銷。 5. 數人同時出差時，以同行中最高級職位者為準報支。 6. 第 3 等課長級（含）以下人員，確因業務需要，需搭乘飛機時需事先報準。		

7. 各級人員國外出差旅費報支標準如下：

職位區分＼項目	出差地區				飛機	輪船	投保意外險
	歐洲、美洲、澳洲、日本、非洲、中東、香港、其他地區		琉球韓國東南亞				
董事長、總經理、協理、總工程師、特別助理	宿費 US $ 實費	膳雜費 US $ 40	宿費 US $ 實費	膳雜費 US $ 35	頭等艙	一等	NT $ 100 萬
第 1 等人員 經理、廠長、高級專員、副總工程師	65	36	55	31	頭等艙	一等	NT $ 90 萬
第 2 等人員 副理、副廠長、主任、廠務助理	60	33	50	28	經濟艙	二等	NT $ 80 萬
第 3 等人員 課長級人員	55	30	45	25	經濟艙	二等	NT $ 70 萬
第 4 等人員 班長級、組長級人員	50	28	40	23	經濟艙	二等	NT $ 60 萬
第 5、6 等人員 其他一般人員	45	26	35	21	經濟艙	二等	NT $ 50 萬
備　註	1. 國內出國各項手續費用由總務部辦理，按實報支。 2. 出關人如因營私犯法被檢舉證實者，應賠償公司全部出差費用外，並予免職。 3. 出差期間超過 1 個月至 3 個月以內者，宿費及膳雜費依上表標準金額之 80%支給。 4. 出差期間超過 3 個月以上時，宿費及膳雜費依上表標準金額 70%支給。						

5 公務人員國外出差旅費規則

第一章　通則

第一條　中央政府各機關公務人員，因公出差至國外各地區。其出差旅費的支給，除法令另有規定者外，悉依本規則辦理。

第二條　前條所稱因公出差，以下列各項任務人員為限：

⑴應友邦政府行政首長、交外機關的正式邀請，或外交上負有特殊機密任務需要出國訪問，或報聘者。

⑵代表政府出席國際會議者。

⑶因業務需要出國考察視察談判者。

⑷其他公務奉推出差者。

第三條　旅費分為交通費、生活費及公費三種，均依本規則所定標準支給。凡外國政府及民間團體或國際組織及其它來源供給費用者，按下列規定辦理。

⑴供膳宿而無其他任何現金費用津貼者，除本規則第四條所定交通費用及第十二條所定出國手續費如未負擔，按規定支給外，另按日支生活費標準的 10%支給零用金。

⑵供膳不供宿者，按本規則第七條所定地區及金額的 60%，按日報支生活費。

⑶供宿不供膳者，按本規則第七條所定地區及金額的 40%，按日報支生活費。

第二章　交通費

第四條　出差人員乘坐交通工具的等次，按下列規定辦理：

⑴飛機及輪船：除院部會首長、大使、公使及特使的報聘、暨次長級官員出席重要國際會議及項目指派或應友邦政府邀請訪問等，為國際禮節所必需者，得乘頭等座(艙)位外，其餘各級人員均以經濟級座(艙)位為限。

⑵火車及長途汽車：按實際需要乘坐，不分等次。

第五條　出差人員的交通費，均應檢據列報，乘坐飛機者應憑飛機票票根列報。

第六條　出差人員乘坐交通工具由公專備或領有免票者，不得開支交通費。有優待價格者，應按優待價格據實列報。

第三章　生活費

第七條　生活費依所定地區及金額按日列報，並依下列規定辦理：

⑴凡由公家專備免費宿舍及在飛機、火車、汽車中歇夜者，按40%支給。

⑵凡乘坐輪船而票價包括膳食在內者，按 20%支給。

第八條　出差人員在同一地點駐留一個月以上者，除出席國際會議人員按實支給外，其餘出差人員生活費的支給，按下列規定辦理：

⑴在同一地點留駐一個月以上未滿三個月者，自第二個月起按80%支給。

⑵在同一地點留駐三個月以上者，自第四個月起按 70%支給。

⑶出差人員不得藉故在非任務所在地點停留，規避以上一、二兩款規定。

第九條　調用駐外使領館人員出席駐在地國際會議者，按本規則

第七條內所定地區及金額 20%支給外，不得另支任何費用。

第十條　出差期間，因患病及因意外事故阻滯，經提出確實證明者，按日支給生活費。

第十一條　生活費的計算按核定的出差日數為準，其途程往返時間，按出差人員實際搭乘飛機通常所需時日，連同事先必須提前到達目的地，辦理一切準備事宜，及事後等候交通工具的日數，按下列日數為最高標準，併入公差日數核計：

⑴歐洲地區五天。

⑵北美洲地區五天，中南美洲地區六天。

⑶亞太地區四天，亞西地區五天。

⑷非洲地區六天。

第四章　公費

第十二條　出國手續費包括護照費、簽證費、黃皮書費、保險費及國內機場服務費等，按實檢據列報。

第十三條　出差人員隨帶行李，不得另支行李費，有攜帶公物必須另支運費者，按實檢據列報。

第十四條　本規則第二條第一款所定出國訪問或報聘人員，支特別費（包括該團體公、雜、交際等費），就下列規定範圍內，按實檢據列報：

⑴部長級人員率團出國，時間在 15 天以內者支美金 2000 元；30 天以內者支美金 2500 元；31 天以上者支美金 3000 元。

⑵次長級人員率團出國，時間在 15 天以內者支美金 1200 元；30 天以內者支美金 1500 元；31 天以上者支美金 2000 元。

⑶司長級人員率團出國，時間在 15 天以內者支美金 1000 元；30 天以內者支美金 1300 元；31 天以上者支美金 1500 元。因連續訪

問，或報聘多數國家，或任務特別重要經奉准者，不受前項限制。

第十五條　本規則第二條第二款所定代表政府出席國際會議人員，依其任務性質核有必要者，另支下列公費，均按實檢據列報：

⑴辦公費：指郵電及交際費用，凡司長級以下人員參加會議人數2人以下者，按會期每天美金20元，3～5人者，按會期每天美金60元，6～10人者，按會期每天美金100元，11～20人者，按會期每天美金160元，21人以上者按會期每天美金240元。

⑵資料費：指印刷費前所備與會議有關報告論文資料，及會後撰提報告，所需新台幣費用。

⑶出席重要國際會議人員，除報支本條第二款所定資料費外，在會期內另按有使用特別費的需要，按下列規定另支特別費（包括該團體公、雜、交際費等）。

①部長級人員率團出席國際會議，時間在15天以內者支美金2000元；30天以內者支美金2500元；31天以上者支美金3000元。

②次長級人員率團出席國際會議，時間在15天以內者支美金1200元；30天以內者支美金1500元；31天以上者支美金2000元。

③司長級人員率團出席國際曾議，時間在15天以內者支美金1000元；30天以內者支美金1300元；31天以上者支美金1500元。

第十六條　本規則第二條第一、二、三款所定出國訪問或報聘出席國際會議考察視察談判出國人員，支禮品費，就下列規定範圍內，按實檢據列報：

⑴部長級人員率團出國，得支新台幣30000元。

⑵次長級人員率團出國，得支新台幣20000元。

⑶司長級人員率團出國，得支新台幣10000元。

因連續訪問、報聘、出席國際會議、考察多數國家，或任務特別

重要經奉准者，不受前項限制。

第十七條　本規則第二條第三、四兩款所定考察視察談判或其他公務出國人員，按公差日數每人每日列支雜費（包括計程車費等）美金5元。

第五章　附則

第十八條　出差旅程應按照出差必經最捷近的途程計算。非經事先核准，不得故意繞道延滯，或在非公差任務所在國家地區或地點停留。

第十九條　出差期中有免職或撤職或經法院判有刑責者，按其到達地點，依照本規則第二章規定，支給返國交通費用，並於其不執行差務之日起停止生活費的支給。

第二十條　出差函外人員旅費，除本規則規定項目外，不得再另立名目報支。

第二十一條　各機關奉准出國研習或進修人員生活費。應視其實際情形折減支給，並不得報支本規則第十四條、第十五條及第十六條所定公費。

第二十二條　出差事竣後，應於15日內依照本規則內各條所定各費，詳細分別逐日登載出差旅費報告表（格式如後）連同有關單據，一併報請各該機關審核。

表 7-5-1 國外出差旅費報告表

姓名			職稱	
出差事由				

年　　月　　日起/止　共計　　日　附單據　　張

年		起訖地點	工作紀要	交通費				生活費	公費						單據號數	總計	備註
月	日			飛機	汽車	火車	輪船		手續費	運費	辦公室	資料費	特別費	雜費			

第二十三條　軍官國外出差，及官兵出國接艦，其出差旅費依本規則所定標準範圍內由國防部訂定實施。駐外機構人員支給辦法，仍由外交部擬訂；行政機關、教育研究機關、事業機構進修或研習人員，及國軍軍官出國深造人員，其出差旅費支給辦法，由各該主管機關擬訂，均報請行政院核定實施。

第二十四條　各級地方政府機關，暨公營事業機構，以及駐外機構派赴駐地以外國家的出差人員，准用本規則規定。

第二十五條　本規則自發佈日施行。

第 八 章

總務部門的教育培訓管理

1 教育訓練的種類與實施

一、教育訓練的種類

1. 新進人員職前訓練

2. 在職訓練

(1)共同性訓練

①幹部訓練。包括經理級人員訓練,課長級人員訓練,組長級人員訓練,班長級人員訓練。

②一般人員訓練。

(2)專業性訓練

包括總務人事人員專業訓練,財務會計人員訓練,營業人員訓練,修護人員訓練,生產技術人員訓練,生產管理人員訓練,採購人

員訓練，品管人員訓練，安全衛生人員訓練，電腦人員訓練，其他專業性訓練。

二、各類教育訓練課程內容

表 8-1-1　共同性訓練課程表

項目	課程內容	共同性（在職）訓練					
		新進人員職前訓練	一般人員	班長級	組長級	課長級	經理級
1	公司簡介、產品介紹、工廠參觀						
2	人事管理規則						
3	升等考試制度						
4	薪資、考績制度、績效獎金制度						
5	提案改善制度						
6	目標管理制度						
7	會計制度						
8	預算制度						
9	成本概念						
10	成本會計實務						
11	成本控制與成本分析						
12	電腦概念						
13	電腦化介紹						
14	文書管理						
15	品管團活動						
16	內部控制與稽核						
17	標準成本制度						

續表

18	企業組織與管理						
19	利潤中心制度						
20	問題與決策分析						
21	企業診斷與經營分析						
22	系統分析與工作簡化						
23	例外管理						
24	標準化						
25	T.Q.C 制度						
26	如何做好基層管理工作						
27	如何激勵員工士氣						
28	領導統御						
29	抱怨與牢騷處理						
30	工作效率管理						
31	業績評價制度						

三、教育訓練實施方式

1. 新進人員職前訓練一般均採用企業內訓練，由本公司有關單位人員負責擔任講師。

2. 共同性訓練一般均採用企業內訓練，由本公司人員或聘請外界人員擔任講師。

3. 專業性訓練一般採用下列方式：

(1)派赴國外受訓

(2)派赴企業外受訓

(3)本公司自行訓練

四、教育訓練計劃應考慮的項目

1. 訓練對象：受訓人員的程度、工作背景、職位、職務等。
2. 講師人選：專業知識、外界反映、表達能力。
3. 課程內容：需要性、講義教材的編印。
4. 時間：訓練天數，是否影響工作，白天或晚間訓練。
5. 地點(場所)：上課環境、交通方便性、教材教具安排。
6. 經費預算：講師鐘點費、車馬費、受訓人員餐點費、交通費、茶水費用、教材教具費用、講義印刷費、筆記本、原子筆、場地租用費等項。
7. 訓練成果：受訓人員心得報告書(見表 8-1-2)。講師授課反映調查(見表 8-1-3)、課程內容反映調查(見表 8-1-4)、

表 8-1-2　公司員工教育訓練心得報告書

訓練課程(活動)名稱	
訓練日期	年　月　日　時　分至　年　月　日　時　分
所在單位	
報告人員	
心得報告內容須包含： (1)學到什麼； (2)如何應用在實際工作上； (3)自我啟發或請求支援事項(不敷書寫，請另備紙張)。	

表 8-1-3　公司教育訓練講師授課反映調查表

課目		講師		日期	
調查項目			選項		
一、您認為本次課程對您的工作是否有幫助？		□很大	□尚可		□沒有
二、您認為本次課程能否配合工作上的實際需要？		□非常配合	□尚可		□沒有
三、您認為承辦單位所提供的服務狀況如何？		□良好	□尚可		□不佳
四、您對本課程內容是否滿意？		□很滿意	□尚可		□不滿意
五、您是否已瞭解本課程內容？		□很瞭解	□尚可		□不瞭解
六、您對本課程最感興趣的地方是？		①　②			
七、您認為本項課程重點應講授那些方面？		①　②			
八、您對講師教學方式是否滿意？		□很滿意	□尚可		□不滿意
九、您認為講師授課的內容是否充實？		□很充實	□尚可		□空洞
十、您認為應採用何種教學方式較為適當？		①　②			
十一、您對本課程有何其它意見？		①　②			

表 8-1-4 公司教育訓練課程內容反映調查表

課目		日期		
調查項目		選項		
一、您對這次訓練課程安排的看法如何？		□很好	□尚可	□不佳
二、您認為這次訓練受益最多的課程是？				
三、您對這次所聘講師的授課內容看法如何？		□很好	□尚可	□不佳
四、您認為本次教育訓練的效果如何？		□很好	□尚可	□不佳
五、您認為本次教育訓練有何優缺點？		① ②		
六、您認為今後應舉辦那些課程？		① ②		
七、您認為承辦單位需加強服務那些項目？		① ②		
八、您認為本次訓練課程中，那些需增加時數？那些需減少時數？				
九、您對本梯次課程的設計、安排、講師的延聘、授課內容及方法等方面，有否改善建議？				

2 員工教育訓練辦法

第一條：為配合本公司發展目標，充實從業人員知識技能，發揮潛在智慧，以提高效率，特訂定本辦法。

第二條：從業人員的教育訓練由管理部統籌辦理下列各項：

⑴綜合並協調各單位教育訓練計劃（見表 8-2-1），訂定全年度教育訓練計劃。

⑵依全年度教育訓練計劃實施教育訓練（見表 8-2-2）。

表 8-2-1　教育訓練實施計劃調查表

編號	訓練項目	訓練目的	訓練課程	希望訓練時間			訓練對象	希望受訓人數	希望訓練地點	備註
				日期	日數	時數				

表 8-2-2　年度教育訓練計劃表

編號	課程名稱	預定訓練月份					預定訓練對象	經費預算
		1	2	3	…	12		

⑶檢討各項教育訓練實施情況並分析成果。

⑷收集及編訂教育訓練教材。

第三條：教育訓練包括

⑴新進人員的教育訓練。

⑵基層從業人員的教育訓練。

⑶督導人員(組長級人員包括班長或一般職員)的教育訓練。

⑷經營管理人員(課長級以上人員)的教育訓練。

教育訓練的詳細課程依實際需要增減。

第四條：教育訓練的實施

⑴主管人員應利用會議、面談等機會向所屬施行機會教育。

⑵公司辦理的或參加公司其他單位舉辦的教育訓練。

⑶參加選修大專院校研究所的有關課程。

⑷參加國內訓練單位所舉辦的教育訓練。

⑸參加國內觀摩考察。

⑹選派國外受訓或考察。

第五條：教育訓練的考核與獎懲

(1) 考核

依實際情形分為：

①舉行測驗

②提出考察報告

③提出受訓報告(見表 8-2-3)

④上課情形或受訓後應用成果評定。

(2) 獎懲

①受訓成績優秀者，除發給獎狀外，得加發獎品以資鼓勵。

②受訓人員必須按時到訓，因故未能參加者，應事先請假，並轉

報主辦單位，無故不到者，以曠職或曠工論處。

表 8-2-3　教育訓練報告書

檢討日期：　　　年　月　日			
訓練名稱及編號		參加人員姓名	
訓練時間		訓練地點	
訓練方式		使用資料	
講師姓名及簡介		主辦單位	
訓練後的檢討	受訓人員意見	受訓心得有價值應用於本公司實務的建議	
		對下次派員參加本訓練課程建議參考事項	
	主辦單位意見		

總經理：　　　　　經（副）理：　　　　　主辦單位：
副總經理：　　　　廠（副）長：

第六條：教育訓練費用按各單位參加人數分攤，其項目及標準如下：

(1) 講師酬勞

①本公司從業人員擔任講師者，得酌支講師酬勞，但如為職務範圍內者，不另給酬。

②顧問擔任講師者，得視實際情形支付鐘點費。

③外聘的講師，其酬勞依實際情況支付。

(2) 受訓餐點：由公司辦理的教育訓練，酌情供應受訓人員餐點。

(3) 受訓差旅費：赴外埠參加訓練或擔任講師者，悉依國內外出差辦法規定辦理，但勤務時間外，接受訓練者不以加班論。

第七條：本辦法經准後公佈實施，修改時亦同。

3 技能檢定辦法

1. 為使公司技術人員能提高各項作業技術水準，達到培育專門技術人員的目的，特實施技能檢定考試以代替筆試等考試。

2. 技能檢定內容，均為公司製造業務的實際需要者，其種類為電子、電工、鈑金、車床、衝床、銑床、焊接、塗裝、磨床、刨床等項。

3. 凡公司員工從事該職種工作 2 年以上者，均可報名參加。

4. 公司為執行升等考試技能檢定，設置成立「技能檢定委員會」綜理檢定事宜。

5. 委員會設主任委員一人及委員若干人，由總經理任命。職掌如下：

(1)技能檢定實施計劃的擬定。　(2)技能檢定方式、內容的決定。

(3)技能檢定的評審。　　　　　(4)技能檢定合格標準的決定。

(5)本辦法修訂的檢討。

6. 技能檢定採現場操作方式進行，評分項目包括：

(1)操作的方法（依據作業指導書）

(2)操作的效率（依據標準時間及實作時間比較）

(3)材料的運用（依據標準用料及實際用料比較）

(4)加工的品質（依據品質檢查基準）

7. 技能檢定辦法每年元月份管理部統籌辦理。

4 員工升等考試辦法

1. 員工升等考試每年 3 月間舉辦一次，由人事課辦理。

2. 員工升等考試以下列等級的在職員工為限：

⑴第五等(技術、管理)晉升第四等(技術、管理員)

⑵第四等(技術、管理員)晉升第三等(助理工程師、助理管理師)

⑶第三等(助理工程師、助理管理師)晉升第二等(副工程師、副管理師)

3. 報名參加升等考試人員應具備資格(見表 8-4-1)。

⑴學歷不限、任各該職位滿 2 年(含)以上。

⑵最近二年(四次)考績，平均優於 2.5 等(含)，且最後一次考績應優於 2 等(含)者。

4. 欲參加升等考試人員，若最近 2 年內曾受大過以上懲罰處分而功過未能抵銷者，不得報考。

5. 員工升等考試以服務成績、學試、口試、發展潛能等四項評分。

6. 各項分數合計達 75 分者為合格，依規定核發任用書，並自核定之月起，改敘晉升等級的薪津，其薪資額為已升職等與原薪資額相等的薪級敘薪，但在相近二級間者，自上一級起敘。

表 8-4-1　升等考試報名表

工號：　　　　　　　　　　　　　　　　　　　　日期：

考試類別			晉升		等		貼照片處（二寸半身）
姓名		性別			出生		
到職日期		年　月　日			年資		
服務單位		部（廠、室）　　課（所、站）　　組					
職稱			職位		等		
學歷		學校　科系肄/畢業			歷任職稱		
服務成績（30%）	年	年	年	年	平均		得分合計
	等	等	等	等	等		
發展潛能（15%）	觀念	工作熱誠	自我啟發	學習經歷	工作創見	外語能力	得分合計
學識（35%）	論文（35%）		共同科目（15%）	專業科目（20%）			得分合計
技能鑑定（35%）	操作方法（9%）		操作效率（9%）	材料運用（8%）	加工件品質（9%）		得分合計
口試（20%）	體格、儀態、精神（5%）		工作認識（5%）	反應能力（5%）	向心力（5%）		得分合計
總分			升等評定	不升等			
				晉升	等		級
各級主管評語	組長		簽章				
	課長		簽章				
	部廠副主管		簽章				
	部廠主管		簽章				
董事長總經理		經理		廠長		課長	經辦人

7. 各項評分分數如下表：

職位		晉升第二等	晉升第三等	晉升第四等	備註
服務成績（考績）		30%	30%	30%	晉升第四等人員的學識科目可以筆試或技能檢定方式辦理，由應考人自行決定。
學識	管理	0%	15%	15%	
	專業	0%	20%	20%	
	技能檢定	35%	0%	0%	
口試		20%	20%	20%	
發展潛能		15%	15%	15%	

8. 服務成績評分標準如下：

平均 1 等　　　　　30 分

平均 1.25 等　　　　28 分

平均 1.5 等　　　　26 分

平均 1.75 等　　　　24 分

平均 2 等　　　　　22 分

平均 2.25 等　　　　20 分

平均 2.5 等　　　　18 分

9. 學識筆試科目見表 8-4-2。

10. 發展潛能評分項目為：觀念、工作熱誠、自我啟發、外國語文能力、學歷、經歷、工作創見等項，由各所屬主管評分後呈總經理核定。

11. 口試成績的評分項目為儀態、體格、精神、向心力、應答能力、反應應變能力、工作認識等項（見表 8-4-3）。

12. 口試委員由各部廠經理以上人員組成，每兩人為一組，實施口試，口試成績呈總經理核准後始生效。

表 8-4-2 升等考試筆試科目表

類別 \ 區分	考試類別		考試科目
共同科目	公司概況 管理常識		管理常識、產品知識、公司概況
專業 科目	晉升 2等	論文	分管理、技術兩類
	晉升 3等	總務人事	勞工法令、公司法、公文程序、採購、人事管理、教育訓練
		財務會計	會計學、財務管理、稅法實務
		國貿	國貿原理與實務、市場學、外匯、商用英文
		電機	電工原理、電子單、控制系統
專業 科目	晉升 3等	機械	材料力學、應用力學、機械原理
		電子	電子單、電磁學、控制系統
		電腦	電子電腦原理、程序設計、系統分析
		銷售	行銷管理、市場學、消費者心理學
		工管	生產管制、品質管制、企業組織與管理、物料管理
		企管	行銷管理、企劃實務、企業組織與管理
	晉升 4等	總務人事	勞工法令、公文程序、採購、人事管理
		會計	會計學、成本會計
		電工	電工原理、測試儀器使用法、自動控制系統
		機工	工具使用法、製造法、金屬材料
		電子	電子學、測試儀器使用法
		銷售	市場學、銷售技巧、票據常識
		工管	生產管制、物料管理、品質管制

表 8-4-3　口試評分表

工號：

考試類別			晉升	等	到職日期		年　月　日	
姓名		性別		出生年月		年資		
服務單位	部(廠室)		課(所、站)　組		職稱		職位	等
學歷		學校	科系畢/肄業		歷任職稱			
口試成績	精神、儀態 (5%)		工作認識 (5%)	反應能力 (5%)	向心力(5%)		合計得分	
口試委員 評語						簽章：		

13. 各科出題委員由總經理秘密任命,試題印製由出題委員自行負責辦理,並於考試前一天送交總經理,轉交人事單位保管以避免出題委員身份洩漏。

14. 人事部門主辦升等考試業務,有關試題內容須確保秘密不可洩漏。

15. 升等考試各項日程進度計劃,由人事部門另訂頒佈。

16. 本辦法經呈總經理核准後實施修正時亦同。

17. 技能檢定評審採取多人評審方式,評審人員須監督檢定操作進行的過程,並當場於評分表上評分(見表 8-4-4)。

18. 本檢定辦法呈總經理核定公告實施,修改亦同。

表 8-4-4 技能檢定評分表

工號：

考試類別			晉升	等	到職日期		年　月　日	
姓名		性別		出生年月		年資		
服務單位	部(廠室)　　課(所、站)　　組				職稱		職位	等
學歷	學校　科系畢/肄業				歷任職稱			
技能檢定 成績	操作方法 (9%)	操作效率 (9%)		材料運用 (8%)	加工品質 (9%)		合計得分	

核定委員簽章：

第 九 章

總務部門的接待管理

1 如何做好接待的準備工作

　　行政管理活動中，與外界的業務來往是很頻繁的。因此，現代行政管理需要面對大量的接待工作。良好的接待工作，是企業行政管理活動的一項基本職能。

　　接待不同身份的來訪客人需要採取不同的接待方式，但有一點是一致的，即行政管理人員禮貌、熱情、恰當地接待每一位來訪的客人。只有這樣才會贏得客人的尊敬和信任；相反，如果不注意做好日常的接待工作，不注意言談舉止，或者欠缺禮貌，就有可能得罪客人，失去客人的信任，甚至失去貿易夥伴。

　　接待工作要遵循以下五個原則：

1. 知己知彼

　　行政管理中的接待管理工作會涉及到許多方面，需要面對不同的

客人。每個客人的背景及喜好又都是不同的。所以,在接待活動正式開始之前,行政人員應該儘量熟悉各個不同的客人的背景資料,包括:客人的公司具體情況、客人本人的性格喜好等,並將其與本公司的具體情況相結合,即運用人性化原則,以和客人建立良好的關係、樹立良好的第一印象為基礎,從而開展業務上的進一步合作。

2. 細緻週到

要想在正式的接待活動中做到面面俱到,那麼首先要在準備的過程中做到儘量細緻全面。要充分考慮接待過程中可能涉及的各個方面,即使是很細微的地方,也都應該考慮進去,做到有備無患。有一個十六字的標準:真誠熱情、細緻週到、有條不紊、善始善終。每一次的接待工作都應該努力做到這十六個字。

3. 時間充分

每一次的接待活動都應該留有充足的準備時間,如果情況允許的話,應當從正式接待前兩週至一個月就開始籌備。越是大規模的接待活動,準備期越應當相應延長。要想做到細緻入微,那麼,充足的準備時間是很必要的。

4. 隨機應變

由於接待活動的準備工作是一種事先的工作,所以準備過程中出現情況的變動是很正常的事情。這時候,行政管理人員隨機應變的能力就顯得十分重要了。隨著情況的改變,適當地作出相應的調整,是保證準備工作順利進行下去的又一重要原則。

5. 有條不紊

做到有條不紊地做好接待準備工作,應按下列步驟:

⑴預約:預約通常是指對於邀請活動而言的,它是接待前的第一項準備工作。邀請的方式很多,包括:口頭邀請、書面邀請以及登門

邀請等。書面邀請是最常用、也是最正式的一種邀請方式。書面邀請具有特定的格式，以書面的形式向被邀請者發出邀請，通常是以「請柬」，或「信函」的方式進行。

(2)擬訂方案：所謂「凡事預則立，不預則廢」。在確定接待資訊後，有關行政管理人員應該認真擬訂切實可行的接待方案。方案內容通常包括：

①接待活動的規模（視客人而定）分為：對等接待、高規格接待、普通接待。

②安排具體接待日程。日程的安排不應出現兩項接待活動同時進行的情況。

③接待的具體形式和接待活動內容。

④接待活動的預算。預算應做到儘量具體細緻，各個方面都應有妥善安排。

(3)全面準備：在接待活動正式進行的前一週左右時間，進入全面準備的階段。包括準備接待活動的各個細節：衛生工作、安全工作、必要物品的採購準備、人員安排等。

2 總務部門的接待工作管理

接待工作是總務部的一項常規性管理任務,是日常經營的一項必不可少的工作,主要負責企業與社會各方面的資訊傳遞,對宣傳企業有著很大的作用。

一、確定接待規格

接待的規格主要指接待的條件及陪同者的級別。一般根據來客的具體情況確定。

接待規格包括高規格接待、低規格接待和對等接待三種形式。例如,客戶方的代表到公司商談重要事宜,或下屬公司人員來辦理重要事項等,都要採用高規格接待,即陪客要比來客職務高的接待。而外地參觀團來公司參觀等,可採取低規格接待,即陪客職務可以比來客職務低。對一般性業務往來,公司採用對等接待,即陪客與客人職務、級別大致一樣的接待。

二、確定接待流程

接待工作既要做到熱情周到、耐心細緻,又要有條不紊、秩序井然。接待工作的流程一般有下列幾項:

1. 接待前的準備

接待前要注意以下幾個方面：

(1)對來賓的基本情況做到心中有數，包括來賓的企業、姓名、身份、人數、來意、停留時間等。

(2)制訂和落實接待計畫，根據瞭解的情況，負責接待工作的人員應及時向主管領導和有關人員彙報，聽取主管領導對接待工作的安排意見。

2. 接待中的服務工作

服務工作包括以下幾項：

(1)迎接來賓。

(2)妥善安排來賓的生活。

(3)商訂活動日程。

(4)安排主管人員看望來賓。

(5)精心組織安排好活動。

(6)安排宴請和遊覽。

(7)為客人訂購返程車船票或飛機票。

3. 接待後工作

接待後工作包括以下幾個環節：

(1)向來賓徵求接待工作的意見，並詢問需要辦理的事情。

(2)把已經訂好的返程車（船、飛機）票送到客人手中，並商量離開招待所或賓館的具體時間。

(3)安排送客車輛，如有必要還要安排領導人員為客人送行。

(4)把客人送到機場、碼頭或車站，最後告別。

(5)可按照來賓的要求，通知來賓企業，告訴來賓何時乘何次車（飛機、輪船）返回，以便接站。

三、具體接待工作

1. 接待同行企業來人

同行企業的主要領導來訪時，一般由公司高層接待；如果公司高層不在，或有事不能離開時，行政辦公室人員可以負責接待。如果來的是一般工作人員，行政人員可自行接待。

2. 接待與公司有業務往來的相關企業來人

與公司有業務往來的相關企業來人，大多是來聯繫業務協作的，一般按公司意圖，找有關業務部門負責人一同接待。在接待時，要注意相互交流情況，既要將公司的情況向來人介紹，又要主動瞭解來人企業的情況、發展趨勢等。不論來人的具體目的如何，均以平等、熱情、尊重的態度商談工作。

如果雙方在商談工作過程中發生意見分歧，則做到冷靜處理，互相諒解，互相謙讓，不可意氣用事。如果對方提出業務協作事項，可以洽談條款，經公司同意，與對方簽訂協定。

3. 接待參觀團組

其他企業前來參觀學習，而參觀學習者多數都是組成團組的，企業應對搞好參觀團組的接待工作要重視。做好參觀團組的接待工作可以讓外界瞭解公司各方面的情況，促進公司同外部的關係，便於與外部相互協作。

前來參觀的團組人數不等，規格有高有低。無論前來參觀團組的人員多少，規格高低，都要認真接待。特別是接待那些規格較高的大型參觀團組，更要細緻安排，認真接待。一般安排熟悉公司各方面情況的人員負責接待參觀團組，因為他們不但能夠全面、系統地向參觀

者介紹公司的概況，而且能夠隨時、準確地回答參觀者的提問。

4. 接待前來洽談業務的人員

對前來洽談業務的人員，經公司高層同意，行政人員或隨高層一起接待，或與有關業務部門負責人一同接待。

3 如何圓滿地完成接待任務

做好充分的準備工作，接下來就是大顯身手的時候了。以誠對待，熱情週到，接待活動便是拉近您和客人間距離的好機會。

1. 迎接

一般而言，重要的接待工作需要安排專門人員前往車站、機場等地迎接客人。必要時，還需要行政部門主要負責人親自前往迎接。接待客人到單位時，企業主要負責人若沒有在車站、機場等地迎接，則應在單位門口迎接，以示尊重。必要時，還可以舉行一定規模的歡迎儀式。

2. 正式的接待活動內容

正式接待活動原則上應該按照事先擬訂的計劃書來進行。接待內容應當包括：

⑴雙方業務負責人間的會晤及技術上的交流活動；

⑵對本方企業各項情況的介紹、安排企業的整體參觀活動；

⑶安排宴會款待來賓，以示對客人的尊重和歡迎；

⑷在正式接待內容完成之後，可以邀請並陪同外地客人遊覽本地

名勝古跡等。

3. 妥當安排送行

接待工作應該有始有終，接待活動結束，客人即將返程時，應當為客人安排妥當的送行，送行時應當為客人預定好回程的車、船、機票，公司的主管應親自與客人話別，贈送紀念品，為其送行。送客的規格應與迎接時的規格相一致。

接待工作是公務活動中經常面臨的事情，對於這一經常性的工作，不能掉以輕心。

4 如何做好接待活動的後續工作

如何使接待活動產生的效用更加長久，是行政管理人員必須面對的問題。做不好後續工作，您的接待活動至多只能說是成功了一半。接待後的繼續聯繫，是鞏固接待成果、增進雙方之間感情的必要手段，因此，千萬不能忽視這方面的工作。

1. 主動聯繫

客人回程之後，作為接待的一方應當主動與客人取得聯繫，對其不辭辛苦地來訪表示感謝，並真誠邀請客人再一次蒞臨指導。

方式可以採取電話或者信函的形式。對於級別較高的客人，或者對於企業比較重要的客人，可以由企業經營者出面親自聯繫；而對於一般的客人，則由相應部門的部門主管聯繫即可。

2. 適時回訪

回訪是指接待活動結束後一定時期內，由相應人員以正式的方式對於客人所在企業予以禮節性的回訪活動。例如：

⑴雙方人員技術上的進一步交流合作，由於是回訪活動，主要是以向訪問單位學習經驗技術為主。

⑵派遣技術人員到回訪企業進行進修實習等形式的學習。

⑶與回訪企業就雙方合作的有關事宜進行會晤和討論，這類內容的回訪活動通常需要有高級主管隨團前往進行。

3. 繼續保持聯繫

對於有長期合作可能的合作夥伴，主要主管或者相關部門的負責人應當經常性地與其進行電話或者書面形式的聯繫交流，以增加溝通，增進瞭解。與此同時，雙方可以有計劃地保持人員之間的互相交流學習活動。

總之，鞏固接待活動的成果需要經理人事先擬訂一份回訪計劃的文件，以求建立的良好關係能長盛不衰。

5 如何規範辦公禮儀

講究禮儀,不僅能提高行政人員本身的素質修養,還可以充分開展辦公活動,提高行政活動的效率,對外樹立企業的良好形象。

1. 辦公設備的使用禮儀

辦公設備的日常使用是很頻繁的,在繁忙的工作中,行政人員很容易忽視辦公設備的使用禮儀。

通常情況下,使用辦公設備,尤其是公共辦公設備應注意以下幾點:

⑴學會正確使用設備。如果不會用千萬不要亂動,一定要虛心向人請教設備的正確使用方法後再使用。否則,不但容易損壞設備,還會給他人使用帶來不便。

⑵如果使用設備的人員較多,應當按照先後秩序,排隊使用。切忌插隊或擾亂破壞使用秩序。

⑶如果設備出現損壞,應當嘗試自己修理或者找人修理,不要置之不理。

⑷借用的東西應當及時歸還並且保持原樣,不要未經允許擅自拿走、偷看不是自己的東西。

⑸使用設備時應當注意保持週邊環境的乾淨整潔,不要隨意挪動設備位置,以便他人使用。

2. 辦公行為禮儀

⑴準時上下班，不遲到早退。到崗時間應比規定上班時間略早，留出足夠的時間做好工作前的準備，如整理辦公用品、開窗通風、打掃衛生等。

⑵穿著整潔，衣飾得體。工作時間，必須穿著正式。穿著應當符合不同工作及辦公環境對著裝的要求。穿著必須整潔，切忌不修邊幅。

3. 談話禮儀

⑴在辦公過程中應當注意禮貌用語的使用。例如，見面時應主動問好、在打擾別人工作時應使用「對不起」、向人問問題時用「請問」、得到別人幫助後使用「謝謝」等禮貌用語。

⑵別人在談話時不要隨便打斷別人或插嘴。

⑶上班時間不要進行以私人話題為內容的談話聊天活動，不要與人閒談。

4. 電話交談禮儀

⑴接電話時使用禮貌用語：「你好」、「不客氣」、「再見」等。

⑵一次通話時間不宜過長，不要在工作時間接打私人電話。

⑶在接待客人或與他人商談公事時，不宜頻繁接電話。

5. 辦公會客禮儀

⑴見面不宜讓客人久等。見面時應主動握手問好，握手時應當面帶微笑。

⑵交換名片。雙方初次見面時需要交換名片，交換名片時的方法為：雙手食指和拇指執名片的兩角，以文字正向對方，一邊作自我介紹一邊遞過名片。對方遞過來的名片應該用雙手接過，認真觀看，以示尊重和禮節。

⑶交談。寒暄時間不宜過長，寒暄時應保持熱情真誠的態度。正

式交談內容應該以客人來訪目的或相關公務為主，除必要問詢之外，切忌過多談論私人內容，尤其是涉及他人隱私的內容。

⑷結束會談。會談時間不宜過長。如正式內容的談話已結束，應當儘快結束會談。但應當注意方式方法，語氣不能突然和生硬。

總之，辦公禮儀的精髓，要在日常工作中體現出來。

6 規範安排禮儀會場

統計顯示，一般的工作人員平均每週花在開會上的時間是 4 個小時，中層管理人員有 35%的工作時間是在開會，而高級管理人員用在開會上的時間則是其工作時間的 59%。開會是人們日常工作中相當重要的一項任務，要想使會議程序更加規範，提高會議效率，對會議禮儀的規範是很重要的。一般情況下，會議禮儀包括下列：

1. 會議的計劃與籌備禮儀

開好一個會，準備與籌劃十分重要。籌劃一個正式會議時應遵循如下幾個步驟：

⑴確定會議宗旨：確認這些宗旨都能在指定的時間內實現；

⑵選擇出席對象：一般包括與會議內容緊密相關的人員；

⑶設備安排：確定會議必需的設備；

⑷準備會議議程：按時間順序，每個議程都標上時間和名稱；

⑸準備會議文件：保證會議主題不偏移；

⑹發出邀請：使與會者有充分的準備時間；

⑺做到五明確：主體明確、與會者明確、目的明確、時間明確、地點明確；

⑻會場佈置：包括會場選擇、會場具體佈置等；

⑼迎接與接待：保證對與會者的週到服務。

2. 會議進行禮儀與會者禮儀

⑴準時出席。準時出席是基本的會議禮儀。只要承諾出席會議，不論是否預備發言或以何種身份參加都應該準時到會。

⑵注意力集中。會議一旦開始，與會者應該時刻保持注意力的高度集中，全神貫注地聽別人發言，積極參與會議中的討論活動。切忌開小差、打手機、打瞌睡等行為。不能無故早退，早退是對其他與會者，尤其是對發言人的一種極不尊重的行為。在會議進行中如果要暫時離開會場，行走時步履要輕，不要影響他人，以免使會議受到干擾。

⑶保持安靜。為了保證會議的順利進行，時刻保持會場的安靜是很重要的。與會者要避免製造「噪音」。在會議進行過程中，切忌鼓倒掌、敲桌椅、起哄等發出有礙會議正常進行的聲音。不要隨意打斷別人的發言，向發言人提出無理問題。在別人發言結束時應當鼓掌以示感謝。

⑷遵守秩序。與會者應當服從會議組織者的安排，按照規定位置就座。履行遵守會場秩序的義務，會議進行過程中不隨意走動，不隨便交頭接耳，服從會議程序的安排。會議結束後應當有秩序地退場，不擁擠搶行。

總之，在參加會議過程中，不論會議級別和與會者身份都應該時刻遵守上述會議禮儀。

7 如何規範商務活動禮儀

處理商務活動是企業、公司的日常工作，它是企業的基本事務。因此，商務活動可以說是當代行政管理活動中最重要的組成部份，它和企業中的每個人的利益都息息相關。商務禮儀自然也就顯得更加重要，它在商務活動中起著溝通融洽關係、消除摩擦等重要的作用。商務活動禮儀包括下列幾個方面：

1. 請示彙報禮儀

下級人員在向企業主管彙報或請示工作時，應注意以下禮儀規範：

⑴做好準備。請示彙報分為臨時請示彙報和預約請示彙報兩種。請示前要想好請示的要點和措辭；彙報前，要擬好彙報的提綱等。彙報應當簡明扼要，抓住重點。不要過多地佔用企業主管的時間。

⑵選擇恰當時間。彙報前，應先瞭解主管的活動安排，通過秘書預約彙報時間，也可直接通過電話向主管本人預約，獲得允許後方可前往彙報。這樣才不會打亂主管正常的工作安排，是對主管的一種尊重。

⑶語言得體。請示彙報的語言應當做到準確、簡明、通俗。彙報時，公務人員要口齒清楚、語調平穩、語速適中，做到通俗易懂，儘量把事情描述得清楚且有條不紊。在請示彙報過程中，態度要謙虛冷靜，認真聽取主管的不同意見。也可在適當情況下提出個人見解。但

切忌態度強硬或者中途打斷主管的談話。

2. 公文禮儀

⑴擬訂公文禮儀。擬訂公文時要遵守法定分類，嚴格按照相關禮儀的有關規定。根據不同種類的公文的適用範圍和對象，選擇適當的公文種類。

⑵上行公文的行文禮儀。上行公文一般按照隸屬關係進行請示和報告，不能打亂正常的管理關係越級行文。請示內容應當嚴格篩選，不要事無巨細一律彙報。行文格式應規範，內容應該簡明扼要。用語應當規範：如「是否妥當，請批示」等。

⑶下行公文禮儀。下行公文雖然是上級對下級所發的組織文件，但仍然應該符合各項行文規範，內容要準確無誤，以免給下級部門或員工造成模棱兩可、似是而非的感覺。公文用語禮貌規範，這也是上級對下級表示尊重的一種形式。

⑷平行公文的禮儀。平行公文又稱「公函」。在辦理平行公文時應做到準確、及時、安全。行文的各項程序都應符合規範，這樣才是最合乎禮儀的。

3. 商務接待禮儀

商務接待禮儀是指除「辦公禮儀」中的接待禮儀之外的專門公務接待禮儀。這方面應該注意：

⑴接待禮儀。接待應當設立專門的接待室，這樣做的目的是為了方便來訪者，體現接待者對於來訪者及其反映問題的充分重視和尊重。室內應當保持整潔，牆上可以張貼有關接待的規章制度。接待人員應當熱情耐心，態度應該親切和藹，虛心聽取來訪者的意見和問題，並做好細緻的登記筆錄工作。接待結束後應當以禮相送。

⑵公務迎送禮儀。應當根據來訪者的身份、到來的目的等，遵循

對等原則，確定好具體的接待計劃。包括：接待規格、迎接來訪者的具體事宜、安排拜訪、宴請與住宿的具體事宜、送客事宜等等。在此過程中，接待人員應當做到熱情週到，細緻地考慮到來訪者的各種所需，設計好恰當的接待程序，做到既不鋪張浪費，也不能「委屈」了來訪者。尤其應該注意的是，凡事都應以客人為主，例如：上車過程中，應當讓客人先行，為其打開車門等；又例如，宴請客人時，應安排其坐上座，以示尊重，等等。

總之，商務禮儀要求經理人在日常公務交往中，保持足夠的真誠謙恭態度，保證企業的商務活動合乎禮儀規範。

8 每年公司儀式的實施

公司的儀式首先要編訂公司的年度行事表。公司的儀式有每年舉行的固定儀式及只在該年舉行的單次性儀式。如：將只在各該年舉辦的儀式列出，如創立年紀念儀式（典禮）、地鎮祭、上樑儀式、落成典禮、除幕儀式、表揚大會、就任儀式、退任儀式、敘勳祝賀大會、祭典等等。將這些只在該年舉辦的儀式典禮加在行事表上。

接下來就是要將各部門獨自舉辦的而涉及到其他部門的儀式寫進去，例如，新產品發表會、新產品試用者懇談會、勞資協定會、薪資交涉、業界懇親會、販賣促進會議、廣告宣傳之開始及終了、海外技術研修視察團來公司、新機器之設置安裝、歡送歡迎會等。

像這樣一年中各項儀式都決定之後，就要編成行事表分送主要幹

部，使之屆時有所準備。又，有些儀式是非總務部門能單獨處理的。
這種情形時，要提早要求協力的部門協助，並通知有關部門及人員預
作安排。

表 9-8-1　公司行事表

月	行事
1月	新年團拜、賀詞交換會、公司內成人式
2月	(經營計劃案擬定)
3月	(決算)
4月	新進人員上班儀式(經營方針發表會)
5月	(例行股東大會)
6月	(員工慰勞旅遊)
7月	中元贈答、高級中等學校訪問
8月	(夏期休暇)
9月	(文化、體育節)(中間決算)
10月	(健康診斷)(勞工衛生運動)採用考試準備
11月	(火災預防運動)
12月	歲暮忘年會、大掃除、工作結束

　　這些儀式每一項都有總務部門必須擔任的實務工作，這是當然
的。例如新年團拜、賀詞交換會、企業內成人式、新進人員上班儀式、
經營方針發表會、例行股東大會、忘年會等等無一不須準備場所及安
排。這些都是總務部門的工作。因此，必須預先調查該地區有何會議
室、會場、宴會場所等及其費用、大小、照明、音響、交通、菜色、
桌椅種類……等情形。

1. 行事曆的重要性

　　隨著企業經營而發生的行事，在整年中非常多，因此，也有所謂

經營是從行事開始,到行事結束為止的說法。假定年度是採曆年制,則從 1 月初開始工作,直至 12 月底工作結束為止,即為一年。其中,有例行、非例行以及大大小小的行事不斷地進行。

其間所實施的各種事項,均與企業經營有關,換言之,企業經營,即以實施這些事項為主,各種行事是否順利進行?其實施管理是否良好?這些都與經營管理的優劣直接關連,因此,行事影響公司的盛衰是屢見不鮮的事。

同時,對於公司的行事,總務部門又比其他的部門更有相關。其中,包括整個公司的行事或重要的行事,甚至從企劃到進行管理為止,均由總務管理的情形,也為數不少。例如,就定期行事之中,較重要的事項來看,計有新年會,進入公司典禮、股東大會、公司成立紀念日、運動會、員工旅行以及忘年會等,均以總務部門為主而進行的。而且,並不限於這些例行的事項而已,甚至突發性的行事,也經常發生。例如,葬禮、組織變更、以及公司運動(TQC 運動、降低成本運動)等,在許多的情形下也與總務部門直接相關,如此看來,總務部門從行事開始至行事結束,在一年中忙個不停。

但在此應注意的是,總務部門所參與的行事,其成果幾乎無法以客觀的、數字的,加以評價。但是其他部門,例如營業部門則可以現場的成果,予以評估實績,同時展覽會,新產品發表會,也可以銷售、訂購金額及毛利等數字表現出來。

因此,相形之下總務部門所進行的各種行事,其成果評價顯然不易明確,尤其是例行化的行事為然。例如新進人員的進入公司典禮以及公司成立紀念日,其實際成果如何更難判定,所以造成對這些行事的企劃、營運及實際情形不予重視,或隆重的舉行或簡單的舉行而形成極端的情況。

2.行事曆內容的修改及行事的預定

除了非例行、突發性的公司行事外，對於事前已知的行事，事先應訂定其進度，但根本上最為急迫的是行事內容的個別檢討。

在此情形下，對於各種大小行事應先捨棄去年如此，今年亦複如此的先入為主觀念，而對各種行事重新過目，並加以檢討，其檢討要點如下：

①這項行事在經營上及業務營運上，是否真正的必要？

②即使是必要的行事，實施方式是否有加強、變更的餘地？

③目前尚未實施的行事，有無更好的方法？

類似的檢討在各行事實施之際予以反省，確有必要，同時在年度變更時，對過去一年的行事也須綜合檢討。

此種檢討並非僅由總務部門直接從事而已，應與現場各部門、各營業所的各個擔任者，共同檢討，摒棄先入為主及墨守成規的觀念，必然可以發現許多矛盾及不合理的行事。

對於個別的行事，經過上述的分析及檢討完畢後，認為是不可或缺的事項，始制訂全年行事的預定表，該表通常系按歷年制訂的情形較多，亦即從 1 月至 12 月，每月一表，並將該日的行事名稱填入，此種行事預定表，應由總務部門保留原稿，並將原稿影印後，分送各業務部門及營業所，固然，這只是歷年中行事日程的預定表而已，對於行事的實施方法等有關細節並未決定。例如，行事實施組織、預算、事前的準備以及當日進行管理等細節，應依該項行事的計劃書進行，因此，至少對於重要的行事，應訂定其情況、實施計劃書，以便在嚴密的計劃下進行。

此外，有關預算方面，在每年營業年度訂定經營計劃中，應附上整體及個別部份，而在各業務部門的管理會計中，實施經費預算統制

時，應列入各部門的行事預算。

表 9-8-2　公司行事預定表

日　星期	公司行事	部‧課別行事	會議‧其他
1　（　）			
2　（　）			
3　（　）			
4　（　）			
5　（　）			
……			
29　（　）			
30　（　）			

3.行事曆運用的要點

　　行事運用的第一要點，是對於各個行事應訂定行事實施方針，在此行事實施方針中，對該行事應以何種的目的、內容及方法進行等基本上的構想做決定。

　　除了極為簡單的行事，以及已做決定的行事之外，對於必需花費不少金錢及手續的行事，首先必需確定其實施方針，同時該實施方針的決定，根本方面由經營者及首腦層決定，但細節、及具體方面，則由總務部門或該行事負責人決定，同時對該實施方針，應盡可能早做決定。

　　如果在該行事的實施日期已經逼近，再做決定，往往延誤了行事的進行管理。例如公司成立紀念日，今年適逢創立二十週年，在這重大的紀念日，應先決定該如何慶祝？同時，是否招待外賓？或者因為今年業績欠佳，僅以內部員工為限，諸如此類的根本問題，應早做決

定，否則行事擔任者，無法訂定計劃。在成立紀念日當天才決定要盛大慶祝時，則其細節、企劃及準備均無法配合。

第二、做好行事內容的企劃。即使是相同意義的行事，並花費了同樣的金錢及時間，某一方面韻味十足，使參加者非常的滿意，但另一方面，除了感到無聊之外，別無所有，其差異何在？多半是因為企劃的好壞造成的。

因此，所有行事的企劃應盡可能的多費工夫，而且對於例行化以及一再反覆的行事應比新的行事更加注意。習慣性的行事，在進行中反而容易發生差錯及疏漏。再三重覆的事缺乏新的創意，同時擔任企劃者本身，也有墨守成規的意識，由於每年都做同樣的事，毫無刺激及新鮮的感覺，以致在企劃方面也缺乏新的觀念及努力。如果此種傾向甚強，則在對策上應更換該行事的企劃擔任者，這也是一種方法。

例如，公司內行事企劃及實施委員等組織，多半是集中各方面的人才進行，或依行事，委託外面的專家而實施。今日，各方面的專家不少，如果委託這些機構，從企劃到設定，乃至營運管理，一切外包，假使能夠運用信用卓著的機構，當然優點不少，但委託費用多少？是否太高？同時，除了增加費用之外尚有行事效率，也應考慮，如果總務部門能夠因此節省不少的手續及時間，並處理其他的工作，仍是十分值得的。

第三、做好事前的準備手續及進行管理。首先，事前的準備及手續雖然依照行事內容而有不同。但其重要性則包括所有的行事在內，大致相同。為使事前的準備及手續，能夠週全起見，最重要的莫過於充分的時間，假如事前慌慌張張的著手，則極容易產生疏漏的現象。同時，對於重要的事項，更應制訂準備及手續表，並逐一加以檢討，這種準備及手續，包括事前的預演在內，依據行事而定，但此預演確

是十分重要。

　　在運動會或是重要的各種大會中,特別進行事前的預演,並不是多餘的事,如果能夠先做一次預演,則在真正進行時,其氣氛及效果自然不同。同時,即使先行預演,以及事前準備及手續,但如果當日仍然發生意外之事,則屬無可奈何之事。但是,無論如何費心,也不宜準備過份。其次,有關行事的進行管理,亦應隨著行事的進行,決定其分擔業務,並依此實施,至於重大的行事,由公司本部決定,細節的部份,則由各課決定,以進行管理。

第 十 章

總務部門的物品管理

1 總務部門的行政經費管理

總務部門的行政經費管理，要服務於企業生產與經營這個單位，正確處理服務，保證工作需要，促進企業發展。

一、預算的資金管理

預算資金管理是企業行政經費管理的重要內容。要做好這項工作首先必須進行行政經費預算編制，上報審批，然後對撥款後的資金進行使用管理。

在申請領取經費時，應根據所批准的經費年度預算編制年度分季用款計畫，呈報上級。上級一般根據各部門的季度用款計畫和上月會計報表，並結合各部門的業務和資金結存情況給予撥款，並按月撥

付，但不許辦理超預算計畫的撥款。

領取撥款後，應按資金的性質分別設立「經費存款」和「其他存款」賬目。其中「經費存款」是辦理預算資金結算的賬目，「其他存款」是辦理預算外資金結算的賬目。

二、公務費管理

公務費包括差旅費、辦公用品費、水電費、取暖費、通信費、行政設備維修費等專案。

業務費在公用經費中比重大，伸縮性也較強，審核業務費時，並依靠各業務部門具體掌握。

表 10-1-1　業務費的管理

序號	管理要點	說明
1	專項管理	業務費涉及面較廣,各類專門經費的使用資金都會集中在一塊,因此必須分清明細賬目,專款專用
2	合理的定額	制定合理的定額標準,進行定額管理
3	監督使用	業務費的使用與管理還必須由財務部門專人負責,並有一定的監督機構與機制,合理地使用業務費
4	增收節支	本著節約的原則,拓展新的管道及開展新的業務,都應從發揮最大效能的角度出發來考慮問題

對公務會議費、業務費等專項開支，要量人為出，精打細算，做到不浪費。對差旅費也要從嚴控制，對長途出差人員應按往返路費等

借款，對短途出差人員一般不予借款。而且長途出差借款應由各部門主管經費開支的審批，限出差回來後三天內報銷差旅費，並收回借款。在用電、水、煤及通信費等開支方面也要從嚴控制。

三、行政經費的節省方法

1. 消耗品費用節省

各種企業內部消耗品是行政經費的大宗，必須要節省，具體節省方法如下表所示。

表 10-1-2　消耗品費用的節省

序號	節省方法	說明
1	節約使用	從鉛筆、迴紋針、釘書機等小的辦公用品做起，養成良好的使用習慣，不隨便浪費
2	制定領用明細標準	(1)對每人橡皮擦、鉛筆、圓珠筆制定領用明細標準，然後每 6 個月一次，定期檢查，多餘的事務用品先回收 (2)釘書機、剪刀、膠帶等使用頻繁的東西，劃為共用；橡皮擦、圓珠筆等用完才能更換 (3)由個人原因遺失的物品，個人負責賠償
3	物品不能私用	在企業內事務用品中，能變為私用的東西很多。例如，電話費、交際費、樣品、促銷品等。這樣不但增加費用支出，也違反企業相關規定，因而應制定相關規定予以嚴格控制
4	聯絡用的消耗品要盡量簡化	(1)聯絡用的文書，盡可能鼓勵利用使用過的紙張背面或廣告廢紙 (2)需要裝入信封的檔，可以用外面寄來的舊封套；不是機密檔不必裝入封套內 (3)兩張以上的檔，使用迴紋針也是一種浪費，用釘書機訂上或用膠水貼上即可

2.電話費節省

電話費是一種數額較大的行政費用,其節省方法如下表所示。

表 10-1-3　電話費的節省

序號	節省方法	說明
1	貼出電話費用表	為了要讓所有員工對電話費都有成本概念,可以編制電話表貼在電話機前。費用要詳細列明
2	電話通話定時	通話時要求長話短說,通話之前做好充分的準備工作。為此全企業可展開「電話在 3 分鐘內完成」的活動
3	長途電話要經由總機	為了減少電話費,長途電話都由總機發出。電話機前放置記錄用紙,填寫通話結果。這樣可以做筆錄,同時可防止無謂的長途電話使用,也不會打錯電話
4	利用 SW2H 表格	為了節省電話費用,打電話前先做成 SW2H 的表格,整理後再打電話。這個表格不只是打電話前使用,接聽電話或其他「轉言記錄」也要廣為利用
5	禁止電話私用	私人電話不但是費用的損失,也會妨礙其他人工作,所以絕對禁止

3.能源費用節省

行政辦公要做到節約,不能忽視能源費用的節省,具體的節省方法如下表所示。

表 10-1-4　能源費用的節省

序號	節省方法	說明
1	每一盞燈設置一個開關	通常在房間的進出口集中設置開關。日光燈每一盞設置一個開關，可以節省電費
2	儘量使用節能燈	在辦公室內儘量使用節能燈，同樣的節能燈白色比晨光色的功效強 10%。在屋外要用水銀燈，相當於燈泡 7～8 倍的照明效果
3	節能燈管提早換裝	節能燈管壽命終了前，應儘早換裝，使用到最後會增加電費及失去效率。當燈管出現黑影圈時確定為換裝時間，每月底定期檢查換裝
4	適合場所的照明度	洗手間、樓梯間、走廊等以 150 度或 200 度為宜，辦公室用 300～500 度較為合適，會議室要根據氣候、白天、晚上的需要而裝置照明調節器比較合適
5	空調使用	(1)空調安裝位置要適當，儘量裝在日光直射不到的位置，最好裝在朝北的方向 (2)夏天時，空調的溫度不要調得過低
6	影印機定時休息	影印機在休息時要將電源切斷，使用影印機頻率小的部門，最好確定固定時間才使用影印機
7	水龍頭要關緊	自來水漏水的損失很大，一旦發現有損壞，就要及時修理好

4.紙張費用節省

　　辦公用紙是一筆較大的行政費用，對其進行節省可從下表的相關措施著手。

表 10-1-5　　紙張費用的節省

序號	節省方法	說　　明
1	檢查紙張流程有無浪費	(1)是否有已不再使用的賬簿類 (2)能否減少分類和項目 (3)能否減少賬票類的張數。盡可能依據簡化的內容減少張數，即使是一張 (4)能否減少散發資料的份數。出席的人數尚未確定就大量複印資料，這種現象應杜絕發生
2	適當地訂購印刷品	仔細地調查企業過去印刷品的訂購及使用張數，而後注意適當地訂購。最好把消耗品及商品庫存一年要增加企業 30%的成本的觀念牢記在心
3	雙面列印和複印	用影印機複印時盡可能複印雙面，列印時也儘量做到雙面列印，這樣做會降低紙張的費用，且在郵寄時，郵票及信封費用也會降低。另外，將這些影本歸檔時，檔案用紙也會減少
4	統紙張的大小	(1)使用影印機時不必定用大號紙張，因為電子影印機性能提高之後，複印時具有放大、縮小的功能 (2)可依資料的內容不同而調整複印紙張的大小，最好仍依其使用紙類盡可能進行標準化，也有利於文書及檔案的整理
5	廢棄的紙不要丟入垃圾箱	(1)重要的文書以碎紙機裁碎後，可以作為填充料或是賣給收廢品的回收 (2)辦公室紙類及報紙，最好也彙集起來當作廢品回收 (3)寫壞的紙張不要撕掉或揉起一團丟掉，最好把它當作便條紙、稿紙等再充分利用

2 如何採購辦公物品

在行政管理活動中，辦公的物品、設備和房產管理屬於後勤管理，也是行政管理的一項主要內容。簡潔、幹練、清晰、高效的辦公物品管理，會使整個公司的各項工作處於井井有條的環境中，為辦公效率的提高提供有力的保障。相反，對物品的管理缺乏條理，無章可循，會使公司的工作處於雜亂無章、無序甚至混亂的狀態，妨礙辦公效率的提高。

在行政管理中，只有對辦公物品、設備和房產的管理有可行的制度保障，才能保證較高的辦公效率。處於良好狀態的辦公物品能對辦公效率的迅速提高起到事半功倍的作用。因此，科學地購買辦公物品對企業來說非常重要。

一般來說，購買辦公物品要遵循以下幾條原則：

1. 確定數量

購買辦公物品之前，根據辦公物品的庫存量和消耗水準，確定合理的購買數量，例如「2B 鉛筆 200 隻」，「A4 紙 100 箱」，「傳真機 3 台」等。可以事先統計數量，列出清單，避免購買時出現過多或不足等情況，造成資源浪費或再次購買等增加行政成本。

節約開支的方法有以下幾種：

⑴直接去商店購買

⑵訂購

⑶同專門的辦公用品供應商建立長期的合作關係

2. 集中購買

確定購買數量後，要向辦公室主任或主管提出申請，由主管安排統一集中購買。物品的採購工作由專人負責，專人購買，責任落實到人，避免出現人人都有權購買，造成浪費和用公款買私物的情況。

3. 節約開支

購買辦公物品時要注意節約，按照成本最小的原則，選擇最合適的購買方式。

4. 統一標準

購買辦公物品除了要統一購買、節約開支外，同時還要標準化，採購的辦公物品尺寸、規格、型號等要標準、一致，以便使用和管理。如鉛筆統一為 2B 型號，電話機統一為××牌××型。這樣不僅使用管理方便，也美觀大方。

5. 仔細接收

所訂購或購買的辦公物品送到後，要按照訂貨單進行驗收，核對品種、數量、質量等是否與要求的相符，確認無誤後，在送貨單上簽字並加蓋印章，寫明收貨日期、數量等等，最後還要在賬本上做好登記。

總之，購買辦公物品是企業管理中經常要做的事情，職業經理人要通過實際工作積累豐富的經驗。也就是說，要明瞭辦公物品的各種要求和相關用途，以保證物品的數量和質量。

3 統一採購管理

1. 本公司採用統一採購方式，具有下列優點：

⑴統一採購可節省相關之人力、物力、簡化及合併相關業務。

⑵有效統一管制各項物品、物料用量、降低庫存量、減少資金積壓。

⑶利用群組技術及 V‧A 手法，以降低材料採購成本。

⑷加強採購稽查功能，以確保採購品質及成本目標。

2. 統一採購業務範圍：

⑴辦公事務用品及文具用品、表單印製。

⑵產品用原物料、物品(含直接材料、間接材料、消耗品)。

⑶機器、儀器設備、冶工具(含零配件、量具、夾具、模具、檢查儀器)。

⑷廠房設備營繕及修繕工程。

⑸開發新廠商，以降低成本、提高品質、確保交期。

⑹國外進口零件的採購。

3. 統一採購作業程序：

⑴各單位依需要提出請購後，經核准後送總務部採購課辦理。

⑵採購品經使用單位或檢驗單位驗收後，交使用單位使用及管理。

4. 請購申請單內需註明品名、料號、規格、單位、數量、需要日

期、包裝方式、包裝量、用途及其它特別規定或要求事項。

5. 採購時除參考上列資料外,另需準備相關圖面、品質基準、驗收基準等。

6. 對協力廠商應制訂「廠商管理辦法」以確保品質、交期、成本對優良廠商給予實質鼓勵,對不良廠商予以淘汰。

7. 採購業務包含如下:

⑴處理各單位請購單業務。

⑵廠商詢價、招標、議價、發包、訂購單業務。

⑶廠商交貨記錄、進度管制業務。

⑷請款業務。

⑸驗收及不良品處理業務。

⑹廠商品質鑑查業務。

⑺廠商發票處理業務。

⑻廠商資料卡建立業務。

8. 其他採購應注意事項:

⑴在確保品質的前提下,採購成本越低越好,但若品質不佳,成本再低也沒有用。

⑵盡量向原廠製造商採購,不要向經銷買賣商購買。

⑶採購需考慮市場變化及庫存成本等因素。

⑷採購與檢驗單位需分開,不可同一單位。

⑸盡量統計過去使用的需求量,做計劃性採購。

⑹採購需注意售後服務的品質及信用度。

⑺訂購單內註明檢驗品質基準、抽驗方式及不良率拒收水準。

⑻訂購單內註明誤期或因品質不良退貨產生誤期時的罰則。

表 10-3-1　物料請購單

年　　月　　日　　　　　　　　　　　　　　　　　單號：

料號	名稱	規格	單位	數量	單價	總價	現狀存量	平均月用量	交貨期限	包裝方式

總經理：　　協理：　　部廠主管：　　課長：　　採購員：　　請購員：

表 10-3-2　設備工具請購單

年　　月　　日　　　　　　　　　　　　　　　　　單號：

名稱	規格	單位	數量	單價	總價	廠牌	耐用年數	交貨期限	需用單位	用途

總經理：　　協理：　　部廠主管：　　課長：　　採購員：　　請購員：

表 10-3-3　物料驗收單

年　月　日　　　　　　　　　　　　　　單號：

料號	名稱	規格	單位	數量	單價	總價	請購單位	交貨廠商	發票號碼	備註

說明事項	

批示	部廠主管	品管單位	收料單位	採購單位

表 10-3-4　設備工具驗收單

年　月　日　　　　　　　　　　　　　　單號：

財產編號	名稱	廠牌	規格	單位	數量	單價	總價	耐用年數	使用單位	請購單號	備註

說明事項	

總經理	協理	部廠主管	驗收單位簽章	使用單位簽章

4 如何保管辦公物品

　　一個管理有序、工作效率高的辦公室，物品不僅要採購分類合理，還要精心保管。好的保管建立在合理分類的基礎上，保管的細緻有序，會極大地方便辦公物品的使用，從而達到提高辦公效率的目的。精心的保管一般要求做到以下幾點：

　　1. 建立台賬

　　辦公物品在購回、驗收之後，要建立並登記台賬，入庫存放。

　　2. 定點放置

　　進庫的物品在對其按性能、用途和保管要求進行科學分類之後，要定點放置，這樣既有利於取用，又有利於安排和美觀。不會導致需要取庫存物品時出現亂翻亂找、沒有頭緒等情況。

　　3. 定期盤點

　　辦公物品庫存一年應盤點 2 次（6 月與 12 月），盤點工作由辦公室主任負責。盤點要求做到賬物一致，如果不一致則必須查找原因，然後調整台賬，作盤盈或盤虧處理，使兩者相一致。

　　4. 表格管理

　　對於辦公室常用的辦公物品，應當建立日常表格。表格應有名稱、規格、單位、單價、代號等項，這樣清晰可見，一目了然，非常方便日常使用的物品管理。下表為常用的「物品表」。

表 10-4-1 物品表

文具名稱	規格	單位	單價(元)	代號
鉛筆				
膠水				
複寫紙				
修正液				
……				

5. 定期清理

對於庫存的辦公物品,要定期清理和打掃,避免造成物品被損毀。必要時可以實行防蟲等技術措施。對於較貴重的庫存物品,除了做好以上常規保管措施之外,還要加強防盜等安全保障工作。

6. 定期調查

要對庫存的辦公物品(主要是各種紙張和印刷品)定期調查。對使用量和餘量作出統計,向上報告。辦公室要對報告進行核對,檢查所報數據是否與倉庫的各部門領用台賬中的記錄相一致,最後做出購買與否的決定。

7. 嚴格借出

辦公物品可以「出借」的方式使用,借用者應出具借用證明。借用證明記錄以下內容:借用者住址和姓名、借用物名稱及編號、借出日期、借出期限與出借條件等。另外,要禁止員工把辦公物品拿回家私用。

簡言之,辦公物品的保管是一個需要細心和相關制度作保證的工作領域,職業經理人在進行這方面的工作時,應該學會基本的保管技能,避免不必要的損失。

5　如何保養辦公物品

　　為了使辦公物品經常處於良好的工作狀態，對辦公物品進行合理的保養和維護是非常必要的。正確的保養方法可以提高辦公物品的使用年限，節約經費。對辦公物品的保養要做到以下幾點：

1. 禁止吸煙，杜絕火患

　　辦公物品多為易燃品，如紙張、木制沙發、辦公桌等，因此首要的就是要杜絕火患，嚴禁在辦公用品放置區內使用明火，尤其要禁止吸煙。

2. 防止潮濕

　　辦公物品的防潮主要是指防止物品受潮黴爛變質和生蟲，防潮是保養好物品的重要環節，這一點在南方潮濕地區尤為突出。

3. 防電

　　由於辦公室有許多的電器設備，如影印機、電腦、日光燈，還有電錶、開關、保險絲等，因此對電器的安全保養尤為突出。電器設備要求使用程序準確，安裝在乾燥穩定的地方，員工不能擅自拆卸維修電器，要有專門的技術人員檢查維修。

4. 經常性修理

　　由於辦公室物品有著使用頻率高、修理範圍小、修理間隔短、修理費用少等特點，因此要對辦公物品進行經常性的修理。經常性的修理包括檢查諸如電燈是否照明正常、複印機工作時是否有雜音、電話

聲音是否正常等。

5. 及時報修

在發現辦公物品有損壞或無法正常使用時，要及時報修，以免影響工作。報修辦公物品，要填寫物品請修單。

表 10-5-1　物品請修單

項次	編號	品名	規格	數量	損壞原因	需要日期	備註

6. 建立維修處理制度

辦公物品的維修也要按制度辦事，所有辦公物品的維修手續都要按制度執行。維修工作要有專人負責、專人管理，相關部門如財務部門要協助維修工作，給予費用支援，保證辦公室工作不因辦公物品的維修而受影響。

7. 特殊物品特殊保養

對於一些特殊的辦公物品，要針對其特點，給予特殊保養。如木制傢俱一般不要輕易搬動，要保護傢俱的油漆；玻璃器皿要輕拿輕放，擺放要安全穩妥，不可重壓。

6 如何更新辦公物品

辦公物品的使用壽命是有限的，對於已經損壞的而且無法修理使用的物品，要及時更新替換。辦公用品的更新要注意以下幾點：

1. 隨時更新

這是針對紙張等低值易耗的辦公物品而言的。這一類辦公物品消耗量大，除了在辦公室適當地存放一些外，對於它們的更新，不應該和其他大件物品一樣嚴格，應隨時需要，隨時更新。對於在使用過程中感覺質量不好的物品，應該用新的規格、品牌代替。

2. 報請更新

這是針對影印機、電腦等較貴重的辦公設施來說的。一般說來，這一類辦公設施的使用年限比較長，不會輕易損壞報廢，對於這些辦公物品的更新，應較為慎重，應建立報請更新制度，填寫報廢單，說明損壞報廢的原因和物品的金額、已使用的時間、處理建議等詳情，並由有關部門檢查審批，決定是否准許更新。

3. 檢查報廢原因

辦公設備的損壞都有一定的原因，在準備更換時，要檢查損壞的原因，摸清情況，避免下次使用時再出現類似的情況，提高使用技巧，延長設備的使用時間。

表 10-6-1 報廢單

使用部門							
產品	英		規格		設計年限		
名稱	漢		廠牌		已使用年數		
購置日期			數量			價值	
廢棄原因			估計廢品價值				
			處理使用				
			實際損失額				
擬處理辦法			使用人				
			填報人				
使用部門	主管		管理部門		主管		
	主辦				主辦		
總經理			財務部門				

4. 合理處置

辦公物品在廢棄後不可隨意處置。對於廢棄紙張等可回收物品，應交至廢品處理站回收處理，避免污染環境；對於辦公設備，應如數交到財產管理部門，由財產管理部門予以核對驗收，對殘品進行綜合利用，或者變價處理，為企業節約最後一筆資金。

更新辦公物品也是經理人經常面對的問題，如何保證辦公物品的有效和節約使用，是應該認真對待的，這樣，才能在減少浪費的同時，又確保物品更新能跟上現代化的步伐，不致影響公司的業務發展。

7 文具用品的管理

1. 文具用品由總務部採購課統一採購。

2. 各部廠於每季結束前提出下一季各月份文具用品需求計劃表（表 10-7-1），送總務部總務課統計全公司需求量。

表 10-7-1 第　季(　月～　月)文具用品需求計劃表

單位：　　　　　　　　　　　　　　　　　　　　全課____人

個人領用類(每人每月 50 元)							業務領用類						
名稱	代號	單位	單價	數量	金額	備註	名稱	代號	單位	單價	數量	金額	備註
小計							小計						
預算金額：													
實際金額：　　　　部門主管：　　　　課長：　　　　製表：													

3. 總務課依據各部廠之月別需求計劃、參考現有存量、及每月平均使用量情形，提出請購。由採購課通知廠商將文具用品直接送各部廠管理單位保管分發。

4. 文具用品分為個人使用類（表 10-7-2）及業務使用類（表

10-7-3)兩種。

表 10-7-2　（個人使用類）文具用品一覽表

文具名稱	規格	單位	單價	代號	文具名稱	規格	單位	單價	代號
原子筆	藍色	隻	5	001	米達 R(15cm)		隻	5	024
原子筆	黑色	隻	5	002	美工刀		隻	40	025
原子筆	紅色	隻	5	003	美工刀刀片		盒	35	026
鉛筆(HB)		隻	3	004	見出紙(大)		包	10	027
鉛筆(H)		隻	3	005	見出紙(中)		包	7	028
鉛筆(B)		隻	3	006	見出紙(小)		包	5	029
鉛筆(2B)		隻	3	007					
鉛字筆(細)	紅	隻	10	008					
鉛字筆(細)	黑	隻	10	009					
鉛字筆(細)	藍	隻	10	010					
鉛字筆(粗)	紅	隻	11	011					
鉛字筆(粗)	黑	隻	11	012					
鉛字筆(粗)	藍	隻	11	013					
橡皮擦	白色	隻	15	014					
橡皮擦	擦筆	隻	20	015					
筆芯 HB/0.5)		盒	15	016					
筆芯 2B/0.5)		盒	15	017					
筆芯(B/0.5)		盒	15	018					
筆芯 HB/0.7)		盒	15	019					
筆芯 2B/0.7)		盒	15	020					
筆芯(B/0.7)		盒	15	021					
米達 R(45cm)		隻	25	022					
米達 R(30cm)		隻	10	023					

表 10-7-3 （業務使用類）文具用品一覽表

文具名稱	規格	單位	單價	代號	文具名稱	規格	單位	單價	代號
修正液		瓶	40	101	訂書針(中)		盒	20	124
膠水		瓶	30	102	訂書針(小)		盒	10	125
圖釘		盒	5	103	公文帶(大)		個	5	126
回紋針		盒	20	104	公文帶(小)		個	3	127
列印台	紅	個	20	105	黑帶子		束	20	128
列印台	藍	個	20	106					
列印台	黑	個	20	107					
列印水	紅	瓶	20	108					
列印水	藍	瓶	20	109					
列印水	黑	瓶	20	110					
印泥		個	80	111					
投影片		盒	300	112					
投影筆		隻	40	113					
膠帶台		個	40	114					
膠帶		個	20	115					
複寫紙		盒	150	116					
中式卷宗		個	3	117					
強力夾		個	15	118					
彈簧夾		個	15	129					
釘書機(大)		個	300	120					
釘書機(中)		個	10	121					
釘書機(小)		個	50	122					
釘書機(大)		盒	40	123					

5. 個人使用類系指純粹由個人自己使用保管的用品,如筆類、尺類、橡皮擦等。

6. 業務使用類指本單位共同使用保管的用品,如表單、膠帶、捲夾等。

7. 個人使用類文具用品,限各幕僚單位人員使用,每人每月以 50 元為限,超過部份不予核發。其他單位(幕僚單位以外的單位)以課為單位管制使用量,以過去半年內平均月用量金額為管制目標。

8. 業務使用類以課為單位管制使用量,以過去半年內平均月用量金額為管制目標。

9. 各課每季結束前需提出下一季的文具用品使用量統計表,送各部管理承辦單位彙整統計。

10. 個人使用類文具每人領用時,需以文具領用卡(表 10-7-4)領用,文具領用卡每人一張,統一由管理單位保管。

表 10-7-4　文具領用卡

姓名:　　　　　　　　　　　　　　　　　單位:

文具名稱	日期	單位	數量	課長簽章	領用登記	備註

11.業務使用類文具，每課領用時需以文具領用卡領用，文具領用卡每課一張，由管理單位保管。

12.文具管理單位每月需統計每人及每月文具用品使用量及使用金額統計。

13.嚴禁員工將公司文具用品取回家裏私用。

14.文具用品超過目標額使用時，需提出檢討報告說明原因及改善方法，並列入每月業績評價目標得分。

15.正常消耗性文具用品如原子筆、自動鉛筆筆芯、膠水等用完需再領用時，需以舊原子筆或空盒容器等換領，否則不予核發。

第十一章

總務部門的設備和房產管理

1 如何合理使用設備

現代化的生產對設備的要求都比較高。如果設備選擇不當,往往會導致設備的積壓或過早地淘汰,從而直接造成資金的浪費。合理正確地選用設備至關重要,選擇設備應遵守技術先進、經濟實用、安全節能等基本原則。

企業購置設備之後,在設備的使用方面也要認真做好管理工作。合理有效的設備管理能保證設備的正常運轉,降低設備的損毀程度,延長設備使用壽命,保持設備的性能,並減少或避免設備閒置造成的資源浪費,更要防止生產過程中意外事故的發生。

1. 合理配置設備

合理的設備配置是要以設備的性能為前提的,根據生產的特點和需要,結合相應的生產方式,為各個生產部門配備好各種類型的設

備。同時，應注意生產中出現的變化，根據生產的需求，不斷地調整改變生產戰略，保證生產能順利進行。

2. 及時的人員培訓

就目前而言，絕大部份的設備都需要人進行操作。而且，隨著設備精確程度的不斷提高，對操作人員的技術要求也越來越高。因此，對操作人員進行及時的專業培訓是必不可少的。而且，培訓時應注重實用性，要針對實際操作的設備的不同特點，掌握正確的使用知識，合理地使用設備。

3. 設置專人使用

現代化的設備，其結構日益精密複雜。因此，許多企業都設置專人負責專門的設備。這樣有利於提高操作人員的操作熟練程度和操作經驗的積累，也便於責任的明確，從而權責清晰，管理到人。總之，應儘量固定操作人員，不應輕易調動他們的工作。

4. 合理有效地利用設備

不同的設備都有各自的使用範圍和技術要求，所以，必須要清楚設備使用的相關知識，並且瞭解設備的負荷能力，從而做到物盡其用。避免大材小用，造成浪費；更不要超負荷運轉，不僅減少設備的壽命而且增加了危險係數。

5. 健全各種有關的規章制度

將設備使用的管理規範化、制度化是一項重要的基礎工作。為了減少不必要的問題出現，應制定、健全各種規範，例如，具體的設備操作規程，設備維護保養責任制度等。

一言以蔽之，企業要想將設備真正地使用好，利用好，合理的管理是必不可少的；而且，要根據企業自身的具體情況，制定出切實可行的規章制度。

2 如何進行設備的維護和檢修

企業設備管理中，工作量最大的部份就是設備的檢測、保養和維修。並且，設備檢測、保養和維修工作的質量如何，將直接關係到設備能否正常運行、使用壽命以及生產的安全。

所以，成功的設備管理一定不能缺少有計劃的定時的設備檢測、保養和維修。只有這樣，才能保證設備的高效率運轉，避免意外事故的發生。

1. 設備的檢測

設備的檢測是對設備的運行情況、工作精度、磨損及腐蝕的程度進行檢查和校驗。這是生產管理中不可缺少的內容。

認真翔實的檢測可以及時查明設備存在的隱患，從而讓管理者能夠採取相應的措施，對設備進行必要的維修和改進，也能夠提高維修的質量，縮短維修的時間。

一般來說，設備的檢查主要有以下三種方式：

⑴日常檢查

⑵定期檢查

⑶維修前檢查

2. 設備的保養

設備保養的效果如何對提高企業生產的經濟性有很大影響。出色的保養追求以最經濟的人力物力投入，使設備得到最有效的維護，保

持性能良好，並且延長使用壽命。

現代化的設備，結構愈加精密複雜，這對設備的保養提出了更高的要求。具體來說，設備保養的目的有：

⑴提高生產效率，減少設備的故障停機時間。

⑵保持設備正常運轉，確保產品質量。

⑶降低維修的成本和難度。

⑷延長設備的使用壽命。

⑸確保生產的安全運行。

一般的設備保養可分為三個級別：

⑴例行保養。一般由設備操作人員承擔，依照正常的操作規範檢查操作程序的執行。主要是清潔、潤滑、緊固以及檢查零件的完整狀況。

⑵一級保養。一般在專業檢修人員的指導下定期進行，保養範圍由設備外部到設備內部，包括潤滑、換油、調整設備精度等。

⑶二級保養。應由專業人員承擔，操作人員協助，定期進行。其涉及的部份大多是設備的內部。二級保養涉及的項目最多，而且技術要求較高，其重要性不言而喻。

3. 設備的維修

設備在使用過程中，總會因某些原因引起一定的故障及產生一定的損壞，從而影響設備正常地發揮功能，並且造成生產的安全隱患。因此設備的修理就成了設備管理的重要內容。

設備的修理即設備的修復。其基本手段是修復和更新零件。一般來說，設備的維修有以下幾種：

⑴定期維修。按照事先制定的檢修計劃，定期進行檢查、修理。一般來說，定期檢查的準備應比較充分，事先準備好配件及用品，這

樣可以縮短停機修理時間，降低相關損失。

⑵標準維修。把維修的類型和其相關內容、要求具體化、標準化。當設備運行到一定期限後，對其進行強制性的檢修及零件更換，而不需要另外做出審核判斷。這種方法有很好的事故預防效果，適用於企業的重要設備和安全要求高的設備。但是，其標準的合理制定十分關鍵，若制定不合理，容易造成資源浪費。

⑶檢查後修理。在預定時間的情況下對設備進行檢查，確定檢修的類別及具體內容，然後制定維修計劃。一般在修理普通設備且定額材料不足的情況下，可使用此方法。

此外，設備的維修應該和保養結合起來，讓操作人員和維修人員能夠通力協作，共同維修設備。同時，將設備保養交操作人員負責，使操作人員參加設備管理具體化、制度化。

3 如何進行設備的日常管理

設備的日常管理內容繁多，而且比較繁瑣。通常包括設備的登記、建檔、封存、遷移、調出、改裝、報廢及事故處理等。

1. 設備的分類、編號和登記

當設備通過驗收，辦理完相關的移交手續後就能交付使用。作為設備的管理部門，應對其設備進行統一的編號管理，並且堅持每年至少覆查一次。而對於設備的登記，應在登記卡片上註明設備的名稱編號、型號、規格、使用日期、使用部門、原始價值、使用年限、折舊

率及移交情況等內容。登記內容務必真實全面，為今後設備的管理維修建立檔案。

2.設備的建檔

作好設備的檔案管理工作是設備日常管理的一個重要環節。設備檔案管理的關鍵就是要建立完備的設備技術檔案。完備的設備檔案應包括以下資料：

⑴設備全部的附件清單；

⑵設備安裝及安裝完畢後的檢測記錄；

⑶設備移交時的交接單；

⑷設備定期檢驗的記錄；

⑸設備改裝、調出、遷移的記錄；

⑹設備的事故記錄。

3.設備的封存、遷移與調出

當企業生產任務不足的時候，往往會出現設備的閒置。如果設備需要閒置比較長的時間（ 3 個月以上），應該進行封存保管。設備的封存及啟封應由主管部門提出計劃，交由管理部門審核，經批准後實行。在封存過程中必須按照設備的說明書操作，並應採取防塵、防潮、防銹等措施，還要定期進行維護和檢查。

當企業的主管部門發生變化時，往往需要進行設備的調整與遷移。在這種情況下，應由主管部門提出遷移方案，經設備管理部門審核批准後執行，並且要辦理相關的手續。

如果有的設備已經無法適應生產要求而長期閒置，應果斷將其調出。設備的調出一般有出租和有償轉讓兩種形式。在設備調出時應該隨帶其原有附件、輔助機器及相關的全部文件。

4.設備的改裝

為了更好地適應生產的需要，有時需要對設備進行改裝。要對設備進行改裝，應先提出合理的改裝方案，上報設備管理部門審批，待批准後執行。而改裝的方案圖紙、審批文件、鑑定資料、費用記錄等應建立檔案予以保存。

5.設備的報廢

設備的報廢必須經過專業鑑定後，確定設備已經達到報廢標準的，才可以允許報廢。一般判定設備報廢的規定條件有：

⑴超過設備規定的使用年限。

⑵由於事故損壞且無法修復。

⑶從經濟角度來看，不值得改裝或修復的。

在辦理設備報廢時，應嚴格執行相關規定，並且由財務部門監督，通過規定的程序予以辦理，以避免設備的浪費。

6.設備的事故處理

作為設備的管理者或管理部門，應該採取積極的預防措施，盡可能地避免各種事故的發生。一旦有事故發生，一定要在第一時間組織人力物力進行搶修。並且要認真分析事故發生的原因，從中吸取經驗教訓，防止今後發生類似的事故。

如果事故是由人為原因造成的，應調查追究相關人員的責任，並且視情節輕重給予處分。如果事故情節嚴重，應及時向有關部門彙報。

對於設備的日常管理，在更大程度上是一件技術性的工作。經理人除了具備本技能點提到的某些技能外，更多的是需要經驗和敬業精神。

4 固定資產管理

1. 固定資產管理的重要性

固定資產在資產科目中是對應流動資產的,其內容分為有形固定資產及無形固定資產兩種。有形固定資產,包括土地、建物、機器、裝置、車輛、搬運工具、工具、器具及辦公用具等,對廠商而言,以這些物品作為生產活動的中心。

其次,無形固定資產有租地權及工業所有權(專利、實用新方案、構想)等,這些都與企業經營的盛衰有關。

固定資產管理,在總務業務中屬於相當專門性的工作,其重要性亦非其他任何業務可比擬,一般而言,固定資產所佔資產的比重,製造業又比非製造業大。固定資產管理的好壞,涉及經營上的第一個要點,與資金運用有關。資金對於企業猶如血液對於生物,如果運用欠當,極可能有生命之虞。而在資金運用與資金的效率上,固定資產佔有極大的比重。

固定資產若無法有效運用,則將造成資金的閒置,一般人對於一億元的現金十分敏感,但若改為一億元的物品,則反應較為遲鈍,這點也是不容忽略的事。

第三,與業務效率及業績有關。就業務效率方面來看,可說是一切的業務都以固定資產為主體,或媒介而加以運用,因此,對於固定資產的處理方法如何自然與效率有關。

2.固定資產管理的內容及分擔

首先，就有形固定資產的管理，分為賬簿管理及實物管理兩方面。賬簿管理是設立固定資產賬簿，並填記必要的項目，使固定資產的所在、價值及其它等一目了然，而實物管理則為該固定資產的取得、維護、保全及使用管理等。

固定資產管理雖屬總務部門管轄，但並非一切的固定資產，均以賬簿管理及實物管理兩方面為限。因為總務部門所從事的固定資產管理，包括賬簿管理以總管公司的固定資產，以及不屬於現場各部門管理的固定資產，從事實物管理。

由於現場上的設備、機械裝置、器具等，均由生產、倉庫，及銷售等現場部門實施實物管理，所以，總務部門直接從事的實物管理以土地、建物及車輛等為主要的對象。

就直接的實物管理而言，既有像這樣由各現場部門及總務部門等的分散管理，也有由總務部門為中心，以實施固定資產管理的總管制度之情形。即使如此，但各現場部門所從事的實物管理，亦即現場業務優先的考慮，顯然比上述構想更受重視。

就固定資產管理的總管部門——總務部門而言，從側面加以注意監視，極為必要。同時，對於各現場部門的固定資產管理，應與現場的職位有別，確定固定資產管理負責人及擔任者，並透過此，以貫徹公司的固定資產管理。

因為，這種事情如由全體人員共同負責，由於互相推諉，其結果極易造成不負責任，因此，使特定的人員擔負責任，其結果可能更佳。

關於專利、實用新方案，以及商標等無形固定資產，則由總務部門總管為宜。因為此類工業所有權的擁有件數頗多，同時，申請、專利糾紛等案件，也層出不窮。所以，如有必要可成立專利部等專門性

的組織，或依據業別，一般性的工業所有權，仍由總務部門處理。

有關這方面，包括法律在內，以專門性的問題為主，在實際處理時，借重於外面專家的情形也為數不少。

3.固定資產的取得

固定資產的取得，第一，必須確定取得方針，並基於取得方針，以訂定長期及短期的取得計劃。

取得方針，包括大小不同的各種內容，例如，今後本公司的長期設備投資如何等重大的方針，以及加強那些營業部門？應擴大或維持現狀？抑或縮小？甚至設備、機械的更新，又將如何等基本方針，必須解決的問題甚多，因此，對於這些一問題，應該加以整理，以訂定今後的設備投資方針，並基於此制訂長期及短期的設備投資計劃。若不依此計劃進行經常見異思遷，缺乏定見，隨便從事設備投資，因此而倒閉的公司，實在是不勝枚舉。

此外，固定資產的取得，有購買、租賃等方法，應該採取那種方法也屬決定方針之一，固然，仍以購買為主，但其風險最大，依照那種方法取得應予比較檢討，特別是機器類的取得，如其模型改變迅速，僅供一時或突發性之用，則以租賃較為有利。

第二，固定資產取得計劃，應充分進行綜合調整。對於固定資產的取得，由各現場部門提出固定資產的取得計劃，並將其綜合成為全公司的固定資產取得計劃。但這種機械式的統計內容，並不能立即使用，因為該統計結果仍有下列各項缺點：

⑴遠超過預算。

⑵統計上的固定資產的取得計劃，並非均屬必需之物。

⑶由各現場部門所提出的取得計劃，未必公平。

表 11-4-1　固定資產賬簿

會計科目：　　　　　　所屬部門所在地：　　　　　　賬簿號碼：

資產號碼	資產名稱	機能及格式	購入對象	耐用年數

取得價額	增加年月日	處分年月日	處分額	現在額
備考				

　　因此，基於固定資產的取得計劃的統計結果，應就個別計劃及整個計劃兩方面，再加徹底的分析及調整，確有必要。同時該項作業，非常的麻煩，卻不能忽略。

　　而且，此種分析及調整的作業也使總管固定資產的總務部門備受厭惡，如果過於和氣，各現場部門所提供的固定資產資料未必正確，並導致企業經營惡化。

　　同時，不僅是年度計劃中的固定資產取得計劃等而已，購買，其他的取得要求等有關固定資產，亦複如此，所有來自各現場部門的取得，均應配合總務部門獨特的立場，充分檢討其內容，並積極的採取必要的調整處置。

表 11-4-2　公司固定資產綜合表

年月日	證書號碼	摘要			取得 折舊 原價額	折舊	
		區分	名稱	賬簿號碼		增減	累計

折舊擬定的賬面價值	非折舊賬面價值	形成折舊基礎的價格	折舊	折舊超過及不足	
				當期	累積

所屬：　　　科目：　　　細目：　　　耐用年數：　　　半期折舊率：

第三、關於取得方法，應盡可能的採取有利的方法。包括購買、租借等在內，特別重要的是購買方法，由於固定資產的購買，其金額頗大，所以購買的優點及缺點，對金額上的影響亦大。

因此，應該充分從事事前的調查，以及收集消息，這是不可缺少的事，亦即進行購買市場調查，並依此從最適當的對象買進品質、價格及條件良好的物品，同時，應儘量避免，因缺乏事前的調查及收集消息，聽由對方的擺佈，而造成買方的不利。

有關土地等的購買，事前的調查尤為必要。因為土地方面都有各種法規上的限制，不能完全聽信賣方及介紹人的說法，例如，查閱登記簿及不動產賬簿等固然重要，有時借重於不動產鑑定專家之協助，更有必要。

4.固定資產的保全及有效運用

⑴依據各固定資產規定的保全及維護基準,確實進行。

首先,與總務部門直接有關的是土地及建築物等。其中,對於下列各點尤須留意。

①徹底做好警備及防災管理。

②禁止不法侵入及不斷使用。

③注意防止公害。

④確實從事損害保險的處理。

關於警備、防災、或不斷使用等,本公司及工廠,大致上尚無問題,但位於遠處,目前閒置的土地及建築物,有留意的必要。

同時,有關公害方面,近年來由於權利意識的高張,亦即所有住民權利的擴展,更須妥善處理。但是,此類工作何者為先?其結果也就不同,大體上,如有大氣污染、水質污濁、噪音、振動、地層下陷、惡臭等公害問題之徵兆時,應即消除其來源,同時,對於附近的居民,其他環境關係,均應積極的採取因應措施。

⑵固定資產的有效應用。這也是與有關人員是否注意以及配合大有關係,所謂有效應用,包括二方面的意義,一方面是對目前所使用的固定資產,更有效的使用。

例如建物方面,改善其佈置,或加以整頓,以便更有效的應用。同時,即使高價購買的新機械,及 OA 機器,如果擔任者並不熟悉,未能充分的使用,則與購買前並無不同。

因此,有關這方面的改善以及合理化,就所有的固定資產來看,需要檢討之處,顯然不少。

另一種有效應用,則將目前的使用方法,改換別的方法,以提高效率,當然這也包括在閒置固定資產的有效運用之內。

　　這種方法，包括出售、出租、移作他用、移動、改良及修理等。碰到業績惡化及資金週轉困難時，始出售閒置的土地，或出租建物等，都是為時已晚，對於固定資產的有效運用，應與業績及資金週轉無關，平時不斷的研究，吸收新的觀念，以便積極的推展。同時，這種問題，不該由總務部門單獨處理，應由公司全部有關人員具有共同的問題意識，予以處理。此外，固定資產的有效運用宜配合新的觀念，不僅是總務部門，即使是現場部門，也應如此。總務部門的財產管理重點：

　　1. 本公司財產分為四大類：

　　⑴辦公事務用品：桌椅、公文櫃、電話機、打字機、影印機、交通車等。

　　⑵辦公室、廠房等建物。

　　⑶機器設備：壓造設備、塗裝設備、檢驗儀器、熔接設備、修護設備、輸送設備。

　　⑷原物料及成品。

　　2. 各部廠單位依使用之需要提出請購單或請購計劃案經上級核准後，交由總務部採購課辦理採購。

　　3. 採購品經驗收合格後，即由採購單位填寫財產卡（表 11-4-3）交由總務課建檔管理，財產實物則交由使用單位使用及保管。

表 11-4-3　財產卡

財產名稱		財產科目		財產編號	
購買日期	年　月　日	折舊年數		驗收日期	年　月　日
單價		數量		使用單位	
廠牌		規格		保管單位	
保證期限	自　　年　　月　　日至　　年　　月　　日(共計　　年　　個月)				
用途					
備註					
總經理：　　協理：　　部廠主管：　　課長：　　財產保管人：					

4. 總務課需依折舊年限規定，每年攤提折舊額送會計部門列賬。

5. 總務課每年 12 月底前需辦理財產盤點一次，核對財產數量，並由會計單位依盤虧、盤盈資料，調整財產金額。

6. 不堪使用之財產依規定手續辦理報廢，並以登報公開招標方式出售。

7. 各項財產之使用說明書、保證書、權狀…等資料統一由總務課列管，使用單位要用時，以影印本使用。

8. 各使用單位對所使用及保管之財產需經常定期保養及小心使用，財產發生損害時，需負損害責任，並視情節輕重處分。

5 辦公室的環境管理

一、辦公用房的分配

1. 瞭解辦公情況

進行辦公用房分配首先必須先瞭解以下情況：

⑴辦公使用房屋的間數、總面積、員工總數及科室部門設置的數目。

⑵需分配辦公用房的部門人員情況及業務量的情況。

⑶各部門的人員及業務可能出現的變化。在掌握以上這些情況的基礎上，根據部門的實際需要，安排辦公的地點、樓層並分配房間。

2. 辦公室分配要求

辦公室分配時，應該優先安排和保證業務用房，盡可能創造良好的業務工作條件，並把業務往來密切的部門安排在一起。

在保證基本工作條件的情況下，盡可能更好地進行溝通協調。如收發室、傳達室等，應設在進出的地方；綜合、秘書等部門，應設在辦公樓的中心地點；打字、計算、財務等辦公室，應設在辦公樓的一端；關係密切的處室應相互接近。

二、辦公室的佈置

　　辦公室的佈置包括辦公室內的氣氛以及辦公室的表面環境等。辦公室的整體要保持莊嚴、美觀、整潔和舒適，其中要重視表明企業精神理念識別系統的制掛和標語口號的制定、張貼等。

　　各種標誌要醒目、簡明、準確，且標誌所反映的內容與表達形式（使用的標記符號、圖形等）要統一規範。

1. 辦公室美化系統

　　在這種系統中，辦公室是一個大的開闊空間，沒有牆，只有可移動的隔板和各類高度的屏板，加以分隔。各種積木式的多種色彩的傢俱組合起來，可以建立適合不同工作人員的最好的辦公室佈置。

　　⑴辦公室用具的擺設應具有科學性、協調性。辦公人員座位次序，應朝同一方向，以便照顧工作流程，便於從後面或側面接受文書等。辦公室領導的座位應在屬下座位的後方正中，以便於監督和控制屬下人員。

　　⑵辦公室辦公桌的規格、型式、顏色應一律相同，以增進辦公人員的平等感及辦公室的美感。

　　⑶辦公桌、椅、櫥櫃等設備的排列，應該採用直線、對稱式，不應彎曲或形成多角度。

　　⑷同室內的書架、書櫥或檔案櫃的高度應該一致並盡可能地倚牆而立，或背靠背放置。留有等距離空間，以方便隨手使用，並增進美感。

　　⑸各色地毯和各種現代裝飾豐富多彩，天然的和人造的花木令人愉快，工作間易於調整也是這種系統的特點之一。但是為了工作效率

高，改變之前應仔細研究好工作流程。

2. 辦公室裝飾

辦公室的裝飾可以使用一些美術作品和工藝品，可使辦公室更美觀。如果辦公室只有一些基本傢俱，那麼多彩的懸掛裝飾物或工藝品也可以改變單調的格局。但必須注意，那種燙印面、業餘人員的作品、過度精心製作的植物群佈置、低劣的繪畫以及顏色過於鮮明的廉價的作品，都會使得辦公室的環境顯得浮躁和不雅觀。

3. 辦公室標誌系統

對辦公室標誌進行系統管理不但方便對外溝通工作，更可以樹立起企業良好的形象。因此應在辦公樓入口處設置各部門佈置說明圖，詳細標明辦公大樓內各職能部門的位置和方向，通往各辦公室的路標和各辦公室的名稱等。

三、改善辦公室環境

辦公室環境是辦公室管理中的重要內容，因為辦公室環境的好壞直接影響到辦公室工作人員的工作效率。

表 11-5-1　辦公室環境的改善

序號	改善要求	措施說明
1	減少雜訊	通過安裝隔音天花板和雜訊隔離器，鋪設地毯，以及安裝有制動裝置的消音門等方法來消除室內雜訊
2	改善照明	(1)要從適量光度、適度光質、適當光源以及安裝方式（是直接照射還是間接照射）來考慮 (2)檢查照明器具是否有閃電火花，是否有強烈暗影等。辦公室內照明一般以日光燈為宜，既接近日光又經濟實惠
3	空調設備與通風	(1)沒有冷氣空調或者條件不允許配備的辦公室，在夏天必須配備電風扇，而在冬天則必須有暖氣供應 (2)平時注意辦公室自然空氣的流通，在上班前或下班後都要將窗戶打開，使空氣流通
4	做好清潔衛生	辦公室清掃是一件經常性的工作，要配備適當的清潔設備或工具，並堅持執行每天清掃辦公室的制度
5	安全預防	除了制定必要的安全預防制度外，還應注意以下事項： (1)要定期檢查各種機器，尤其是那些用電裝置 (2)不要將電話線和其他電線拖在地上 (3)檔櫃、資料櫃、書架等一定要放平穩，如果下部抽屜或架子空著或放著輕物時，應注意不要在上部放過多文件或其他重物 (4)要準備在高架上取物品的梯子或其他輔助登高物 (5)要配備急救箱

6 如何進行房產的分配使用管理

企業所擁有房屋的分配使用管理十分重要。如果分配得不合理，就會引發各種矛盾，挫傷員工的情緒和熱情。一般來說，房產的分配使用主要包括：辦公區域的分配使用和職工住宿用房的分配使用兩個方面。

對於辦公用房的分配使用，管理者首先應充分瞭解房屋的面積、間數、分佈狀況等。同時，再瞭解房屋使用部門的人員數量以及部門、科室的設置情況，並且對使用辦公用房部門的業務量全面衡量，甚至估計到可能發生的變化。在確實掌握了上述資料後，再根據各個部門的實際需要，合理地安排各部門的辦公地點。

對於員工住房的分配管理，總務部門一定要注意在制定分配方案時應該廣泛聽取各方意見，特別是員工的意見。成立由各方代表組成的分房小組，制定的分配標準要公正合理，並且要保持連續性。要盡可能的使絕大多數員工對分配方案滿意。

在進行房產分配和使用管理的過程中，遵循以下原則：

1. 合理分配原則

分配房屋時，應充分考慮各個部門的職能及其工作特點，儘量為其提供方便和服務。合理地安排樓層和位置，既方便各個部門間的順暢交流，同時便於外來人員聯繫業務。

2. 突出重點原則

在分配辦公用房時，應注意輕重緩急。一般來說，首先要安排和保證生產用房及業務用房，並盡可能的為生產及業務工作創造良好的條件。儘量壓縮、節省輔助用房，最大限度地發揮房屋的利用率。在保證重點的情況下，兼顧一般。

3. 配套服務原則

企業用房往往要求有完善良好的配套服務，從而保證房屋的正常使用。配套服務包括兩個部份：一是硬體方面服務，例如傢俱的配備、相關辦公器具的配備、水電供應、安全保衛、衛生清潔等；二是軟體方面的服務，例如制定並執行各項服務的規章制度等，以求有章可循。

4. 管用結合原則

管用結合是指在管理過程中要求房產的管理部門和使用部門以及使用人之間保持經常聯繫，相互配合。由房產處負責水電供應、傢俱配備、房屋維修等工作；使用部門及個人要負責房屋內的清潔衛生以及一般的設備維修工作。作為企業房產使用管理的一條基本原則，管用結合原則必須貫徹始終。

總之，房產的分配使用管理，是一個需要統籌兼顧進行合理設計，並與實際操作密切結合的工作過程，甚至一些細節都要考慮恰當，不能掉以輕心，馬虎大意。

7　如何進行房產的維修管理

　　房屋維修是房產管理的重要內容之一。維修工作做得好，可以延長房屋的使用壽命，保持房屋的完好率，在經濟上也可以節省相當的資金，並且可以排除潛在的危險，解除員工的後顧之憂，創造良好的辦公環境。房屋維修管理的工作內容比較複雜，往往涉及到大量的設備、材料、工具等。同時，還涉及到人力成本的消耗。

　　因此，在維修之前，應該做出合理的費用預算，要盡可能地降低成本，節約資金。但必須以保證質量為前提，堅決不允許出現偷工減料，以次充好的現象，為安全埋下隱患。

　　房屋維修的另一個重要要求就是及時。一般來說，應建立合理有效的維修制度，如維修任務繁重時，應該建立專門的維修隊或維修站點。出現問題隨時趕赴維修，保證在第一時間到達現場，以免影響正常工作，造成不必要的損失。

　　為此，必須要做到對房屋進行定期檢查，掌握房屋使用情況及當前狀態，有針對性地制定維修計劃，以便維修管理順利進行。房產維修管理具體內容包括：

1. 鑑定及計劃管理

　　房產維修管理應建立在對房屋勘察鑑定的基礎上。這一工作必須認真細緻，對房屋磨損程度的真實掌握，可以為維修工作實施提供依據。在此基礎上，制定切實合理的維修計劃，並對計劃執行情況及時

進行檢查、調整及總結。其中，積極地做好計劃工作的綜合平衡，是維修計劃管理的基本工作方法。

2. 成本預算管理

對於房屋的維修，管理者應該提前做好成本預算工作。在開工前，管理者應核算工期及成本，大致確定維修造價。在此基礎上，依據工程預算，企業可組織維修工程招標，並制定成本、資金、材料供應等相關計劃。

制定預算標準的目的是為了控制成本。要降低成本，管理者就要進行成本計劃、成本核算、成本分析、成本決策、成本控制等一系列工作。

3. 維修要素管理

在維修過程中，需要對所需的技術、人員、材料、工具以及薪酬等要素進行統籌規劃，協調一致。這樣才能確保維修工作正常展開，順利進行。

4. 施工項目管理

對施工全過程所進行的組織和管理工作。它主要包括：組織管理班子；組織施工隊伍；做好相關準備；成本、質量與施工期限管理；合約管理；做好施工現場的協調工作。

5. 施工監督管理

施工監督主要是指企業將維修任務承包給有關的專業單位之後，為保證既定的質量、工期以及對造價的控制，管理者對工程的施工過程進行監督和管理。房屋的監督和管理主要是對三大目標的控制：

⑴工程造價；

⑵維修質量；

⑶施工期限。

總之，對於房產的維修管理來說，最重要的是要嚴把質量關。如同產品競爭一樣，質量是房產維修的生命。

8 如何進行房產日常管理

房屋的日常管理內容很多，較為複雜，總務部門需要認真細緻地對待，儘量避免掛一漏萬。

一般來說，主要包括以下幾個方面：

1. 收繳房租及水電費

一般由房管員負責該項工作。收繳應及時，最好一次性收齊，儘量避免拖欠現象。

2. 加強對液化氣的管理

由於液化氣易燃、易爆，容易造成火災及爆炸事故，所以，必須加強相關的管理。一方面大力宣傳普及液化氣的安全使用常識；另一方面，對於液化氣的運輸、貯藏、保管及發放工作制定嚴格的規章制度。

3. 北方地區的房屋冬季採暖工作

⑴充足的冬季用煤儲備；

⑵培訓司爐工人；

⑶認真檢查採暖設備；

⑷保持適宜的溫度；

⑸建立健全採暖規章制度。

總之，對房產的日常管理需要有專門的人員負責，以求盡可能延長房產的使用壽命和提高員工工作的安全係數，並根據需要及時進行房產的維修工作。

9 房產的綠化管理

企業環境狀況直接影響到工作人員的精神風貌和身體健康。好的辦公環境有利於提高辦公的質量與效率。相反，如果辦公環境差，往往會造成精神及情緒上的壓抑，從而降低工作效率，同時也會對環保造成不利影響。企業環境管理包括室內環境管理（辦公和生產環境）和室外環境管理（廠區環境）兩大方面。

總務部門的室內環境管理方面，包括以下內容：

1. 合理規劃空間

要做到充分有效地利用空間，滿足各方面的溝通需要，並且方便資訊的流通。同時，儘量降低辦公空間成本。

2. 保證照明條件

人的視覺效果至關重要，辦公、生產區域內的照明條件對人有重要影響。若照明條件不好，容易引起人的視覺疲勞感，降低工作的速度和精確度，容易引起工作中的失誤和差錯。因此保證適宜的照明條件十分重要。照明環境的控制應注意以下幾點：

⑴選擇正確照明方式。

⑵選擇正確的光源。

⑶防止眩光。

⑷使照射度均勻。

3. 顏色的正確選擇

辦公、生產區域的顏色並不是可有可無的裝飾。對顏色環境的有效控制有助於使人產生興奮感，減少疲勞度，穩定人員情緒，從而提高工作效率。決定顏色的三大指標是：色調、明度和彩度。管理者應把握好這三個指標的變化，從而使顏色的選擇對人的生理和心理形成有利的影響。

4. 控制噪音

噪音是一種重要的環境危害，它直接影響到人的情緒。並且，長時間處於噪音環境之中對人的身體會產生危害。所以我們要嚴格對其進行控制，把噪音控制在標準的範圍之內。

企業的室外環境管理主要是指廠區的環境保護和管理。它主要包括以下幾方面內容：

1. 合理的廠區佈局

廠區佈局的合理性不僅有利於生產的順利進行，而且有利於環境污染的治理。一般來說廠區的佈局要有規則，特別要注意員工的生活區域要與廠區隔離開來。尤其是有污染的企業，其生活用建築不但要與廠區保持一定距離，還要考慮到風向的因素。

2. 相關污染處理設施的健全

對於有污染的企業來說，廢棄物及污染物的處理應予以高度重視。污染物的排放必須達到國家的相關標準要求。因此，企業必須配備符合標準的污染處理設備。對於某些行業來說，這是國際實行的一條強制性規定。

3. 廠區綠化管理

企業的綠化管理是企業環境管理的核心內容。廠區的綠化設計應盡量全面廣泛，同時，應根據不同地區的氣候及地理條件選擇適合的植被。

廠區的綠化對於環境保護有著很重要的積極作用。它不但能很好地防止空氣污染和噪音污染，同時可以緩解視覺的緊張性。一般來說，廠區綠地的設計應在實用的同時突出美觀。

綜上所述，企業環境管理是現代企業所關注的問題，好的環境管理能振奮人的精神，提高員工工作的積極性，從而產生巨大的效益。

第 十 二 章

總務部門的員工伙食管理

1 如何向員工提供福利

　　個人福利的提供直接關係到職工的利益，是管理者有組織有計劃地支付給員工的一種補償，也是激發員工積極性的一種有效手段。世界上的知名企業都有一套完備的個人福利和其他福利管理制度。這種成功的經驗可以為我們的許多企業所借鑑。

　　個人福利和其他福利的提供，應該著重關注以下內容：

1. 公司員工撫恤

　　員工因公死傷是一個很棘手的問題，處理不好不利於公司的發展，可能使公司與員工成為對立的兩個方面。因此，為防患於未然，就要依照法律和企業實際制定出一套可操作性的制度。這裏需要注意的是：

　　⑴對撫恤進行分類，分別不同情況給予不同的撫恤。一般分為：

因公致傷、一時不能工作者；因公致死者；因特殊原因致傷或致死者；在職死亡者和停薪留職期間死亡者。

⑵對死者親屬領受喪葬費和撫恤金的具體規定。

⑶對合約工和臨時工因公致傷、致死的作出具體規定。

⑷對發放撫恤金的部門和人員的具體規定。

2. 員工醫療報銷

⑴對一般疾病的就診進行規定。一般的病人在醫務室就診，簡單快捷，省去報銷的麻煩。

⑵對需要到醫院就診的，要有醫務室的轉院證明，對不經過此程序的不予報銷。對報銷醫療費用所需要的單據做具體的規定，一般要有轉診單、合約醫院醫療手冊、處方及報銷單據等。

⑶對不同職工實行不同的報銷標準。

2 制定食堂管理計劃

食堂的管理要明確該管什麼，不該管什麼，用什麼樣的方法才能管好。從宏觀上來講，管理方法有很多種，如經濟方法、行政方法、責任制方法等，在微觀上也有很多方法，但是，無論用什麼方法，食堂的管理不應該是無序的，應該是在一定的制度體系下運作的。食堂計劃的制定包括：

1. 制定計劃的指標

沒有一定的指標，食堂的管理制度就是一紙空文。只有合理的指

標，食堂服務才能夠滿足職工的要求。各項計劃的指標通常可分為兩類：

(1) **實物指標和貨幣指標**。實物指標是指用碗、勺、盤、份等單位來計量食品的指標。貨幣指標是以價值形式來反映的指標，通常以元、角、分來計算。在食堂管理中實物指標必不可少。

(2) **數量指標和質量指標**。數量指標是指食堂在計劃期內食品原料購進、加工、出售、總營業額等，通常使用絕對數來表示。質量指標是指在計劃期內食品加工、出售活動所要達到的質量要求，通常使用比較法來表示。

2. 制定計劃的基本方法

(1) **綜合平衡法**。制定計劃一般以綜合平衡法為主要的制定方法。所謂綜合平衡法，就是根據食堂內部各崗位、工種的比例要求，綜合平衡食堂內部各種計劃指標之間的關係。食堂計劃綜合平衡主要包括：盈虧指標與銷售額之間的平衡，銷售額與原材料購進、儲存之間的平衡等一系列的平衡。

(2) **動態法**。動態法是指根據某一指標的歷史發展變化趨勢來確定計劃指標的方法。如在食堂中的主食與副食的搭配上，可以根據食堂的就餐人數進行調整。

(3) **比例法**。以某一指標長期形成的比較穩定的比例為基礎，並把計劃期的變動因素考慮進去，來推算出有關的計劃指標，及時修改原來的計劃。

(4) **定額法**。就是根據崗位人員群體的技術熟練程度，通過核算來確定計劃指標的方法。

綜上所述，對食堂的管理重在計劃和執行的一致和協調，經理人在制定計劃過程中要把合理性和可行性結合起來進行考量。

3.員工伙食團管理規定

⑴伙食團設伙食委員 5～7 人，互推 1 人為召集人。

⑵伙食委員得隨時實際情況，改進有關伙食事宜。

⑶伙食承辦以外包方式辦理，廠務課主辦外包招標事宜。

⑷伙食承包商應隨時接受伙食委員之改善意見及監督。

⑸用餐時，一律憑餐券入席，否則不得進餐。

⑹每位員工安排固定用餐位置，6 人為一桌，對號入座。

⑺來賓臨時搭夥時，有關單位應於上午 11 時，或下午 4 時前向廠務課申請餐券。

⑻用餐時間：

午餐 12：00～12：30

晚餐 17：00～17：30

⑼加班人員需用晚餐者，應於下午 4 時前登記。

⑽搭夥人員如停夥時，必須於前 1 天向伙食承包商辦理停夥手續，停夥以日為單位，否則不予受理。

⑾用餐時，不可大聲擾嚷，應保持秩序。

3 員工伙食管理方式

員工伙食管理的重要任務是解決好員工的吃飯問題，讓員工吃得滿意，才能保證員工工作的穩定性，促進他們的工作積極性。

一、確定員工伙食補貼的方式

目前企業中員工伙食的補貼方式有兩種：

1. 給員工發放 IC 卡

補貼打入卡內單位以福利的形式向員工發放伙食補貼，同時由於工作的需要也開辦員工食堂。具體的形式是給每位員工發放一張 IC 卡，單位按月向卡內打入伙食補貼。員工在食堂直接刷卡消費。卡內資金如有不足，員工可以於每日開飯時間到伙食處以現金補充。卡內剩餘資金，員工可以於每年年底提現。

在這個運行機制中，一個關鍵點是：食堂的伙食價格與一般的餐館基本持平。唯一的區別在於，由於是內部食堂，管理較為嚴格，衛生條件要好得多。

2. 伙食補貼直接撥給食堂

還有另一種方式，也是過去常採用的方式，那就是企業把伙食補貼直接撥給食堂，然後要求食堂保持低於市場價格的優惠價，以此來體現員工所享受到的福利。如果以上兩種運行機制所需要的投入相

當，那麼 IC 卡方式的效果要比直撥食堂的方式好得多。

二、選擇食堂經營方式好

　　員工食堂的經營模式有自辦食堂和承包兩種方式。現在，越來越多的企業實行了食堂承包的模式。採用這種模式，食堂內部的具體事務將由承租人依據法規和企業規章制度去完成，承租人全權負責食堂內部的管理工作，食堂就成為一個自主經營、自負盈虧、自我約束的經營實體，而企業的行政管理部門，包括企業總務處，就可從繁雜的具體事務中脫出身來，專門檢查監督食堂承租人的執行情況，嚴把關，成為企業內部的執法機關。

4 食堂外包控制

有許多企業自己並不經營管理食堂，而是將食堂加以外包出去。

（一）自辦食堂與承包（託管）食堂的比較：

表 12-4-1　自辦食堂與承包（託管）食堂比較表

自辦食堂問題	承包（託管）食堂優勢
食材現金採購，往往發生採購員舞弊現象，以致加重企業現金流量，且難以控制	不需每日現金採購，減少企業現金流量，大大提高員工飲食品質
從零售商進貨，已轉多手，新鮮度極差	與蔬菜基地、養殖基地、專業物流配送，由產地直接送送客戶，省去流通環節，新鮮度較好
採購量較少，食材成本高	日用餐較大，集中供輸，大幅降低食材成本
菜色變化單調	專業營養師開菜單，定期推出新菜色，讓餐食多樣化
因屬本廠員工，故無服務意識，浪費較無責任感，成本無形提高	經過專業培訓，改善員工服務態度，落實衛生及提高廚務技能，抑制浪費，大大提高飲食品質
無法持續改善問題	盡心盡力改善問題，力求做到讓大多數員工滿意
烹調口味不變，廚務操作過程無專業管理，廚師級別難於識辨	實施廚師輪調製度，競爭上崗，讓口味多樣化，常創新
個人衛生習慣極差	定期衛生教育，保持良好的個人衛生習慣
工作環境零亂，沒有整理、整頓	貫徹整理、整頓、清掃、清潔、素養、服務、速度、安全，定期檢核、評比
廚務人員與員工屬同事關係，有意見也是敢怒不敢言	「顧客就是上帝」，員工就是我們的顧客，工人可以盡情享受「上帝的待遇」
採購人員專業性不夠，食材品質不穩定	專業採購人員以豐富的經驗，嚴格的食材把關過程，經品檢部取樣化驗，IQC 檢驗，因而食材品質有保障

（二）選擇食堂外包服務商的要點

選擇食堂外包服務商主要考察以下幾點：

1. 經營管理

餐飲外包服務商是否有一套完整的廚務管理規範制度，對整個飲食企業和公司的經營運作狀況是否有非常全面的理解和認識；管理者是否具備行業經驗，有專業管理知識，能較為全面地掌控廚房運作狀況，工作人員是否都經過嚴格的培訓；作業是否有固定的標準規範。

2. 清潔處理

是否有全面、深入的清潔處理過程，定期的消毒措施，不僅僅觀感上，更以深入的角度讓清潔工作落到實處，使進餐環境和使用器具最大限度避免影響品質及安全，使員工滿意（餐廳、廚房、餐具清潔衛生）。

3. 成品菜餚

是否有專業營養師搭配菜肴，菜色豐富，營養均衡；是否可因客戶的不同需求提供多種餐別服務（麵點、炒飯、尾牙、特別餐）等，極大地滿足客戶的需求。

4. 食材採購

是否具備完善的採購作業管理程式，供應商管制作業程式，對採購人員、供應商都有嚴格的管制和監督；能否確實保證食材的品種、花樣、品質並明確責任人。

5. 進料檢驗

是否有嚴格的進料檢驗規範，保證食材品質；是否有完善的檢驗手段和方法，避免不良品的進入；責任追溯手段是否完整。

6. 菜單製作

是否能提前開具菜單；菜單是否營養均衡，菜色搭配合理；是否

在有限的成本作出最有價值的菜單計畫，同時具備預先性。

7. 烹調作業

員工是否具備豐富的餐飲行業經驗，接受過嚴格的廚藝技能培訓；是否具有完整的作業流程規範，避免人為因素；造成品質事故。

8. 倉儲管理

是否有嚴格合理的倉儲管理作業規範；物品嚴格按 SS 規範放置，標示定位。

9. 初加工處理

是否有完善的初加工處理作業程式，嚴格的作業標準及要求，不受員工的個人意識的干擾，能達成固定的規範標準，滿足烹飪作業等後續工序的需求。

10.巡迴檢驗

是否具備嚴格的制度化、表格化監控手段和程式，各個作業環節的責任是否非

常明朗，能否很好地使影響品質的環節得以改善，為成品和服務提供完善的保障。

11.服務規範及流程

是否有整齊劃一的服務模式及流程；員工是否著裝統一，微笑待人，讓就餐環境顯得親切、和藹、溫馨，從而激發員工的工作積極性。

表 12-4-2　食堂衛生檢查表

檢查日期：

序號	檢查項目	檢查狀況				備註
		良好	好	一般	差	

表 12-4-3　食堂績效考評表

檢查日期：

考評記錄 內容　　日期	第一周	第二周	第三周	第四周
食堂衛生（10分）				
飯菜品質（30分）				
個人衛生及標準佩戴（10分）				
服務態度（10分）				
分量是否適度（10分）				
品種花樣（10分）				
就餐秩序（10分）				
費用控制（10分）				
總分				
分析及建議				
平均總分：	餐飲管理委員會成員簽名：			

表 12-4-4　公司員工意見表

姓名：

為使員工食堂的伙食和衛生得到進一步提高，請您針對食堂各方面（含菜的品質、衛生和食堂工作人員的服務態度等內容），提供一些寶貴意見，作為食堂改進與努力的參考。謝謝！

1. 您對食堂的衛生狀況

□非常不滿意　　□不滿意　　□尚可　　□非常滿意

2. 您對食堂的就餐秩序

□非常不滿意　　□不滿意　　□尚可　　□非常滿意

3. 您對食堂飯菜的可口程度

□非常不滿意　　□不滿意　　□尚可　　□非常滿意

4. 您對菜的分量

□非常不滿意　　□不滿意　　□尚可　　□非常滿意

5. 您對食堂人員的服務態度

□非常不滿意　　□不滿意　　□尚可　　□非常滿意

6. 您對伙食的品質　　□非常不滿意

□不滿意　　□尚可　　□非常滿意

7. 您對食堂的建議事項

□非常不滿意　　□不滿意　　□尚可　　□非常滿意

謝謝您的寶貴意見。祝您工作愉快！

第 十 三 章

總務部門的員工宿舍管理

1 員工宿舍管理規定

----

1. 員工住宿需以居住外縣市及通勤確實不便的地區優先。

2. 住宿時需簽署「住宿承諾書」,遵守宿舍內有關一切管理規定, 並服從管理人員合理的指揮。

3. 宿舍每室住 6 人,互選 1 人為室長,任期為半年,負責管理 本室有關事務。

4. 寢室內絕不存放任何危險物品及有礙衛生的物品。

5. 宿舍內絕不賭博、酗酒、偷竊、妨害風化、打架、吵架、喧嘩 等行為,並與宿舍同仁和睦共處。

6. 遵守節約用水及用電,絕不私自接用電線及私用未經許可的電 化器具。

7. 絕不接待親友進入宿舍或寢室內。

8. 注意宿舍清潔，並隨時清掃宿舍環境。

9. 不可損壞宿舍內一切公物設施。

10. 夜間 11 時熄燈，不得妨礙他人睡眠

11. 外宿時需先向管理員登記。

12. 晚上 11 時以後禁止進出宿舍（特殊事故除外）。

13. 宿舍內務需排放整齊，每天由管理員檢查，每月競賽一次，成績太差的人員，取消住宿資格。

14. 禁止在宿舍內抽煙。

15. 違反宿舍規定時，視情節輕重予以處分，並列入年中（年終）考核。

2 如何管理員工宿舍

　　宿舍是企業提供給員工的一種生活設施，對其進行有效管理有利於最大限度地改善和優化職工日常生活條件，使其生活便利舒適，從而激發員工的積極性，推動企業的發展。

　　員工宿舍管理是總務課長抓不懈的一項重要工作。只有合理解決員工的住宿問題，保證員工的充分的休息和進行正常的日常活動，才能使企業每一位員工心情舒暢，能全身心投入工作，為企業創造價值。

　　員工宿舍包括單身集體宿舍、供三班倒的員工休息的「倒班宿合」和家庭住宅等，對這三種類型的宿舍的管理方式應有所區別。

　　對員工宿舍的管理，主要是制度上的管理，在制定制度時，要從

以下幾個方面考慮：

1. 設立管理員

管理宿舍是一項重要的工作，宿舍管理員需要具備一定的素質。首先，宿舍管理員應該認真負責。沒有認真的態度宿舍就失去了安全的保障；其次，宿舍管理員應該具有很強的識人能力，瞭解每一個住宿人員，不讓犯罪分子有可乘之機；再次，宿舍管理人員要有很好的個人素養，不能夠脾氣暴躁，不然會導致住宿人員的反感，激化矛盾，不利於宿舍的管理。

2. 規定住宿條件

⑴在單位附近無適當的住所或交通不便的員工，可以申請住員工宿舍，要嚴格把關申請住宿的條件。

⑵凡有以下情形之一者，不得住宿舍：

①患有傳染病者；

②有吸毒、賭博等不良嗜好的；

③企業認定不能住宿的情況。

⑶不得帶家屬住宿。宿舍是公司為員工提供的一項福利，只有本單位的職工才能夠享有這項福利。員工家屬不是公司的成員，公司沒有義務為其提供住宿地點。

⑷保證遵守宿舍制定的制度。宿舍是一個大家集中生活的場所，沒有制度或沒有人執行此制度，宿舍的安全就不能夠得到有效的保障。所以，為了大多數人的利益就必須遵守制度。

3. 宿舍安全的規定

⑴預防火災

①禁止在宿舍區內燃放煙花爆竹。

②注意安全，不許私自安裝電器和拉接電源線，不准使用電爐等

超負荷用電。

③室內不得使用或私自存放危險及違禁物品。

④加強防火知識的宣傳，樓內的防火設施要齊全。

⑵預防失竊

①對進入宿舍樓內的人員進行嚴格的檢查，非本樓人員不准入內，來訪人員要做登記。

②每天在關閉樓門以前，對全樓做一次檢查，消除犯罪分子隱匿的可能性。

③不准推銷人員進入。

4.加強宿舍衛生管理

①做好宿舍區每天的日常衛生清潔工作

②對住宿區進行定期的統一消毒。

③定期組織大掃除，保持居室內部清潔。要求入住者養成良好的個人生活習慣，注意個人衛生健康。

④公司定期進行健康檢查。

⑤定期進行衛生評比活動，評選清潔房間和衛生個人，給予「掛小紅旗」等多種形式的獎勵。

總之，對於宿舍的管理需要經理人本著對員工認真負責的態度，在平常的工作中時時、事事加以關注和及時解決出現的問題。

表 13-2- 1 宿舍物品借用卡

使用日期：　　　年　月　日

物品名稱	借用數量	歸還數量	物品名稱	借用數量	歸還數量
棉被					
蚊賬					
枕頭					
鑰匙					
工具					

3 員工宿舍管理辦法

第一章　　總則

為規範員工宿舍在員工入住、換房(床)、退房以及宿舍衛生、安全、紀律、設施、費用等方面的管理，以創造一個溫馨、舒適、有序的員工居住環境，特制定本辦法。

第二章　　宿舍分配

一、每一位員工均有權申請入住宿舍。

二、宿舍的區位分配，按主管級以上(含主管級)和主管級以下分別安排入住不同的宿舍區；宿舍的房間、床位分配，按員工職務應該享有的住房標準和「同部門同崗位集中安排」的原則予以分配。

三、宿舍管理員每月底統計宿舍住宿情況，填寫「員工宿舍住房情況一覽表」，宿舍主管審核，人力資源經理簽認。當員工入住情況

發生變化時，宿舍主管須及時作出相應調整。

第三章　入住管理

員工入住宿舍分為新入職員工申請入住和在職員工申請入住兩類。

一、新入職員工申請入住手續的辦理

1. 要求入住宿舍的新入職員工，持行政部簽發的「入職程序表」，到宿舍主管辦理入住手續，隨到隨辦。

2. 宿舍主管填寫「員工宿舍入住單」，交所在部門負責人簽認，行政部經理審批後，根據「員工宿舍住房情況一覽表」以及員工職務、崗位、班次等情況，安排相應的宿舍區、房間與床位，並在相關入職手續單上簽名，交申請入住員工到宿舍管理員處辦理入住手續。

3. 宿舍管理員收到經宿舍主管交來的「員工宿舍入住單」後，發放相應房間及衣櫃鑰匙，協助新入職員工入住。

4. 宿舍管理員在「員工宿舍入住單」上註明入住時間並簽名後交回宿舍主管處存檔。

二、在職員工申請入住手續的辦理

1. 在職員工辦理申請入住手續的時間為每週的週一和週四。如無特殊原因，其他時間原則上不予受理。

2. 申請入住員工到宿舍主管處領取並填寫「員工宿舍入住單」，經所在部門負責人簽名同意、註明職務後返回宿舍主管，宿舍主管核實後再將「員工宿舍入住單」交行政部負責人簽批意見。

3. 對曾在宿舍住宿過的員工，宿舍主管須查閱該員工過去的住宿記錄（有無違反宿舍管理規定的行為）。對因多次違反住宿紀律曾被取消住宿資格的員工，宿舍主管應拒絕受理，並將有關情況知會行政部負責人，由行政部負責人回饋給員工所在部門負責人。

4. 對符合入住條件的員工，經審批後宿舍主管根據「員工宿舍住房情況一覽表」以及員工職務、崗位、班次等情況，安排在相應的宿舍區、房間與床位，並在「員工宿舍入住單」上簽名後返給申請入住員工交宿舍管理員，發放房間及衣櫃鑰匙並協助其入住。

5. 宿舍管理員在「員工宿舍入住單」上註明入住時間並簽名後交宿舍主管處存檔。

三、員工須在辦理入住手續後兩天內入住宿舍。如在規定時間內未入住且未向宿舍主管說明原因者，視為放棄入住，其安排的宿舍床位，宿舍主管可按入住條件另分配給其他申請入住的員工。

第四章　調房（床）管理

一、員工因職務、崗位變化原因或因其他特殊原因，可申請調房或調床。

二、員工辦理調房（床）手續的時間為每週的週一和週四。

三、調房（床）程序

1. 符合調房（床）條件的員工填寫「員工宿舍調房（床）申請單」，經所在部門負責人簽認後送宿舍主管。

2. 宿舍主管將「員工宿舍調房（床）申請單」交行政部負責人審批後，根據宿舍住房情況和員工的調房（床）條件，為申請調房（床）員工重新安排相應宿舍區、房間或床位，並在「員工宿舍調房（床）申請單」上簽認後交申請調房（床）員工。

3. 宿舍管理員接到經批准同意的「員工宿舍調房（床）申請單」後，協助申請調房（床）員工調整房間或床位。

4. 宿舍管理員在「員工宿舍調房（床）申請單」上簽名後交回宿舍主管處存檔。

第五章　日常管理

宿舍日常管理包括建立員工住宿檔案以及宿舍的出入管理、安全管理、衛生管理、來訪管理、設施管理、鑰匙管理、檢查評比、違紀管理等。

一、入住檔案管理

1. 宿舍管理員將住宿員工按房號、部門等細分，填寫「宿舍員工入住登記表」，並及時更新。

2. 宿舍管理員將退房員工按退房類別、部門、房號等細分，填寫「宿舍員工退房登記表」。

3. 每月末由宿舍主管將本月住宿情況匯成員工宿舍月報表（月報內容包括宿舍員工入住登記、宿舍員工退房登記、每月宿舍紀律情況、衛生檢查評比情況、宿舍員工處罰、獎懲情況等），行政部經理簽認後，呈送總經理，各宿舍區每一房間住宿員工須推選一名宿舍長，配合宿舍管理員負責該房間的日常管理。經各房間員工推薦的宿舍長經管理員報宿舍主管處登記備案。

4. 所有的宿舍單據、資料分門別類存放，每日整理更新，電子文檔備存一份，紙書留存一份。

二、出入管理

1. 宿舍區設置門衛保安員，實行 24 小時三班制值班，不另設宿舍巡邏保安員。

2. 住宿員工進出宿舍區，須主動向宿舍區門衛出示員工個人工卡（含行政部分放的臨時工卡）。門衛有權核對住宿員工工卡。

(1)對不能出示工卡的，如屬住宿員工忘記帶工卡或工卡丟失的，宿舍門衛應阻止其入內，並通知宿舍管理員前來處理。經宿舍管理員核實、宿舍門衛登記後方可入內；不能說明緣由的不得放其入內。

⑵對經檢查發現人卡不符的,宿舍門衛須阻止其入內,並暫扣不符工卡,通知宿舍管理員前來處理:

①如確認工卡與其他員工錯換的,經宿舍管理員核實、宿舍門衛登記後方可入內;不能說明緣由的不得放其入內。

②宿舍管理員將工卡交宿舍主管,宿舍主管將工卡轉送行政部經理對當事員工按《員工工卡管理規定》處理。

3. 住宿員工從宿舍樓帶出的大件行李物品,須到宿舍主管處填寫「員工宿舍物品放行條」,經宿舍主管簽認,行政部負責人審批,加蓋行政部印章後,宿舍門衛才予放行。

三、宿舍服務如何管

1. 充分發揮現有人員和服務設施的作用

組織好常規性的服務活動,即讓住宿人員在理髮、洗澡、洗縫衣物、購買日用品、收發郵件、辦理暫住證等證件、打電話、預訂「三飯」(病號飯、員工生日飯、團聚飯)、看病及煎中藥、接待探訪親友和客人住宿等方面不出宿舍。

2. 活躍員工的文化生活

電視室、閱覽室、遊藝室每天按規定的時間開放,電視節目每天預告。每週舉行小型文娛活動,四大節日(元旦、春節、國慶日)舉辦大型文體活動。

3. 開展新的服務專案

調查某些員工的特殊需要,開辦新的服務專案。例如給倒班的員工提供叫班服務,為少數民族員工代購代做節日傳統用(食)品,代員工接待客人或傳達客人留言,為員工提供生活諮詢服務等。

四、安全管理

1. 防火安全管理

(1)宿舍防火工作實行宿舍主管、宿舍管理員、宿舍長負責制，保安部監督落實。

(2)宿舍員工應嚴格遵守消防安全制度，禁止擅自挪用、移動、損壞消防設備和消防設施。

(3)嚴格執行安全用電制度，禁止亂拉電線、亂接電源、隨意更換保險絲等不符合安全用電的行為。

(4)嚴禁使用電爐、電飯煲、電熱杯、電燙鬥、床頭燈等。

(5)不准將易燃、易爆、劇毒(如汽油、酒精)等危險物品帶入員工宿舍樓。

(6)宿舍內嚴禁使用明火，不燃點蠟燭，不使用煤油爐、液化氣爐、酒精爐等。

(7)宿舍區嚴禁吸煙(洗手間除外)，不准亂扔煙頭、火柴梗等易燃物品。

(8)嚴禁在宿舍內或走廊內焚燒垃圾、廢紙，以防導致環境污染和埋下火災隱患。

(9)樓梯、走道和天台門等部位應當保持暢通無阻，不得擅自封閉，不得堆放物品等。

(10)發現他人違章用火、用電或損壞消防設施及器材行為，要及時勸阻、制止，並向宿舍管理員報告。

2. 防盜管理

(1)管理人員方面

①嚴格落實安全管理各項制度，嚴把宿舍出入關。

②宿舍管理人員應加強責任意識，勤巡視、勤檢查，每天不得少

於 6 次，並做好檢查記錄。

③宿舍管理人員要求做到對非宿舍人員能夠有效識別。

④宿舍門衛嚴格出入登記和檢查。

⑤清潔工也要密切關注宿舍內動向，發現陌生人及時報告門衛或宿舍管理。

⑥對為宿舍安全管理工作做出貢獻的管理人員予以獎勵。

⑵員工方面

①最後離開宿舍的員工要鎖門。

②注意保管好自己的鑰匙，不要借給他人。

③不要在宿舍內放置現金和貴重物品。

④不可讓其他宿舍人員進入本宿舍。

⑤不可擅自留宿外來人員。

⑥對形跡可疑的陌生人應提高警惕，並及時報告宿舍管理員和宿舍門衛。

⑦設立內部舉報電話，為舉報人保密。

⑶其他方面

①正確操作使用開水器、沖涼熱水器。

②不到天台上打鬧、嬉戲，禁止站在天台邊緣，除了晾衣服，其他時間不可到天台逗留。

③不倚靠宿舍窗沿或站在窗沿上掛東西。

五、衛生管理

1. 各宿舍區衛生分公共區域衛生和房間衛生兩部份。其中公共區域衛生由宿舍清潔工承擔，房間衛生由各房間住宿員工輪值。

2. 各宿舍區公共區域包括地面、走廊、樓梯、衛生間、沖涼房、電視房、天台、電梯等。

3. 宿舍區清潔區實行白班制,隨時保潔,清潔標準按《員工宿舍公共區清潔標準》執行。

4. 宿舍員工每天整理好自己的內務衛生:宿舍長每月編排「每日清潔衛生排班表」,住宿員工按排班表自覺輪值清掃、整理和保潔,標準見《宿舍內務及清潔標準》。

5. 每間宿舍均擺放一套清潔工具,使用期限為半年,供該宿舍員工使用,清潔工具費實行定額包乾,超出部份由員工自行承擔。

6. 員工應自覺遵守公共衛生制度。

六、來(探)訪管理

1. 員工宿舍來訪包括親友來訪、探視病友、急事辦理等。

2. 親友來訪有急事辦理時,宿舍門衛須向來訪人詢問受訪人,門衛通知宿舍管理員聯繫受訪人,受訪人到門衛處或宿舍區外會見來訪人(如受訪人不在時,門衛應禮貌回覆)。

3. 探視病友時,宿舍門衛須要求其出示個人工卡(企業員工)或有效身份證件(外來人員),詢問受訪人,門衛通知宿舍管理員聯繫受訪人,門衛填寫「員工宿舍來訪登記表」,來訪人簽名,宿舍管理員引領來訪人到病人房間探視(如宿舍內有其他倒班員工休息時,探視時間不得超過半小時),來訪人離開時,宿舍門衛須在「員工宿舍來訪登記表」登記離開時間。

4. 除特殊情況外,規定每天 21:00 後不再接待任何來訪人員。如遇特殊情況將由宿舍門衛通知宿舍管理員前來處理。

七、設施(備)管理

1. 設施(備)配備

(1)宿舍區每一房間配備衣櫃、上下床、冷氣機、日光燈、電源插座。

⑵宿舍區配備電視房。電視房由宿舍管理員按《員工宿舍電視房管理規定》統一管理。

2.設施(備)維修

⑴房間內設施(備)如為自然損壞,維修費用由公司承擔;如為人為損壞,維修費用由責任人承擔;屬蓄意破壞的,按維修費用的三倍處罰當事人。如無法明確責任人,則由該房間員工平均分攤。

⑵公共區域設施(備)出現故障或自然損壞時,維修費用由公司承擔;人為損壞時,維修費用由當事人承擔。屬蓄意破壞的,按維修費用的三倍處罰當事人。如無法明確責任人,則由宿舍管理員和該區域的員工共同分攤。

⑶宿舍區房間或公共區域設施(備)損壞時,宿舍長通知宿舍管理員,宿舍管理員填寫「維修單」報宿舍主管審核,行政部經理簽認,工程部安排維修。

⑷要使用設備,精心維護,及時檢修,確保技術狀況良好。對於鍋爐等壓力容器和電視機等貴重物品,要單獨建賬設卡,指定專人管理。

⑸加強庫房管理,各類物品分類擺放整齊,做到無損失黴爛,賬物相符。

⑹給住宿員工配發臥具等物品要做到及時準確,手續完備,賬物相符。

八、費用管理

1.宿舍費用包括水電費(含住宿房間電費、公共區域水電費)。

2.宿舍公共區域用水、用電所產生的費用由公司支出;每間宿舍所產生的電費由該宿舍全體住宿員工共同分攤。

3.住宿所產生的電費由行政部做工資時從員工應發工資中扣除。

4. 及時準確地填報員工住宿月報表

宿舍管理部門要及時做好統計分析，加快房間周轉，提高房間床位的利用率。

5. 建立管理委員會

建立由宿舍管理處、員工部門有關領導和住宿員工代表組成的管理委員會。定期徵詢住宿員工和所在部門的意見，以利於改進住宿管理工作。

九、鑰匙管理

1. 宿舍鑰匙包括房間鑰匙、衣櫃鑰匙、電視房鑰匙、消防通道鑰匙等。

2. 宿舍各種備用鑰匙由行政部統一保管，員工如需借用，須到宿舍管理員處登記。

3. 房間鑰匙和衣櫃鑰匙在員工入住時，由入住員工到宿舍管理員處各領取一把；如丟失房門鑰匙或衣櫃鑰匙，須到宿舍管理處統一重新配置，費用由入住員工自理；如退房未能交出房門鑰匙和衣櫃鑰匙，行政部將按鑰匙成本價（按市場採購價格定）收取相關費用。

4. 電視房鑰匙、消防通道鑰匙、天台鑰匙由宿舍管理員保管，如丟失，重新配置費用由宿舍管理員自理。

十、檢查評比

1. 檢查小組成員：行政部經理、保安部經理、宿舍主管、宿舍管理員、宿舍長。

2. 宿舍檢查參照《員工宿舍公共區清潔標準》和《宿舍內務及清潔標準》。

3. 檢查辦法

(1)每日由宿舍管理員對宿舍房間的衛生進行抽查（每天至少一層

搜），填寫「宿舍日檢異常記錄」，交宿舍主管，並將檢查異常通知有關宿舍長整改，對於一週內三次出現異常的宿舍將取消本週衛生評選資格。

(2)每週末由宿舍主管、宿舍管理員和宿舍長（每次 8 名舍長輪流）進行檢查，填寫「員工宿舍內務、衛生及安全檢查表」，並對檢查結果予以簽認，檢查結果於次日在宿舍公告欄上予以公佈。

(3)每月末由檢查小組全體成員（宿舍長要求 10 名）檢查宿舍，填寫「員工宿舍內務、衛生、安全檢查表」，並對檢查結果予以簽認。

(4)月末檢查成績佔 60%，週檢的成績佔 10%，將月檢和週檢的分數合計，分數列於前 3 位的被評為該月的文明宿舍，分數位於後三位的被評為該月的最差宿舍。此項結果的得出由月檢全體工作人員共同執行並簽認。

4.獎懲制度

(1)在每月宿舍綜合評比中，得分位於前三名的宿舍，一次性獎勵宿舍長 5 分，獎勵其他成員勞動衛生分 3 分，並頒發「文明宿舍」流動紅旗。

(2)得分位於後三名的宿舍，扣除宿舍長工作分 2 分，扣除其他成員勞動衛生分 1 分，並給予通報批評。

(3)每月 2 次位於最後三名的宿舍及每季位於最後三名的宿舍，都必須更換宿舍長。

(4)宿舍員工在宿舍的表現及宿舍的評比結果將與員工評優、評先進及晉職晉級直接掛鈎。

十一、違紀管理

1.宿舍員工違紀

(1)凡違反宿舍日常管理規定，並經宿舍管理勸告不聽的員工，宿

舍管理員陳述事實經過，並填寫「過失單」宿舍主管核實，填寫處理意見，報行政部經理審批。

(2)對超過三次違反住宿日常管理規定且不聽勸告的員工，宿舍管理員可填寫「取消員工住宿資格通知單」，宿舍主管核實，行政部經理審批並通知違紀員工所在部門負責人，宿舍管理員通知違紀員工限一週內搬離宿舍(逾期未搬離者宿舍管理員可作強制搬離處理)，宿舍主管將「取消員工住宿資格通知單」存檔，並複印一份備案。

2. 管理人員違紀

(1)管理人員應嚴格履行員工職責，遵守公司的各項規章制度。

(2)管理人員對宿舍的管理應秉著公平、公正、實事求是的工作作風。

(3)廣大宿舍員工應認真監督宿舍管理人員的日常管理工作，對工作不負責等違紀行為可到行政部直接進行投訴，或將資料投遞到公司投訴箱。

十二、宿舍管理表格

1. 員工住宿情況一覽表

表 13-3-1　員工住宿情況一覽表

樓層	一樓				二樓			
房號 / 床號	101房	102房	103房	……	201房	202房	203房	……

2. 住宿員工一覽表

表 13-3-2　住宿員工一覽表

姓名	寢室長	房間	早班	晚班	其他	備註	組別	外住人員

3. 員工宿舍內務、衛生、安全檢查表

表 13-3-3　員工宿舍內務、衛生、安全檢查表

項目	檢查	
	標準分	得分
一、室內佈局		
1.床鋪要求平整、規範、無多餘雜物，鬧鐘除外（置於枕頭右邊）、被子疊放平整，棱角分明，面向門、床單要拉直鋪平、枕頭置於被子另一頭（每項2分）	8	
2.牙刷、牙膏排列於漱口杯內，毛巾疊成方塊，漱口杯、毛巾與肥皂盒、沐浴液和洗髮水一同置於臉盆內、每一上下鋪臉盆擱於下鋪床底左邊（每項2分）	8	
3.水杯置於桌面後端邊緣線正中有序排列	3	
4.鞋子每人限放三雙／每一上下鋪鞋子擱於下鋪床低右邊、鞋跟朝外成直線、鞋跟與臉盆對齊（每項1分）	4	
5.每一上下鋪箱、包均擱置下鋪床底左邊，箱、包緊靠牆邊緣（每項2分）	4	

續表

6.門後正中張貼宿舍相關規定及值日表	3	
7.室內沒有亂拉繩、鉛絲，沒有打釘，沒有掛衣物、手袋等任何物品（每項 2 分）	6	
8.牆面沒有張貼、沒有塗抹／沒有雕刻（每項 1 分）	3	
9.桌子、衣櫃按指定地點擺放，沒有挪動（每項 1 分）	3	
10‧除以上要求擺設外其餘物品均置於工衣櫃內，沒有外器	6	
二、室內衛生		
1.室內空氣新鮮，無異味	3	
2.地面乾淨，無果皮紙屑、無汙跡、無積水等（每項 1 分）	3	
3.牆面無灰塵、無腳印、無蜘蛛網（每項 3 分）	3	
4.門、窗、床、衣櫃、桌子、電話機等清潔無灰塵（每項 1 分）	6	
5.燈架、燈管無灰塵、無汙跡（每項 1 分）		
6.箱子、臉盆等個人日常生活用品無汙跡，（每項 1 分）	2	
7.鞋子乾淨、無異味	2	
8.床上用品乾淨，無汙跡	3	
三、室內安全		
1.不准私接電源，違章使用電爐、熱得快，電水壺等電器，不得使用明火包拈點蠟燭、使用煤油爐，酒精爐，火鍋等爐具		
2.妥善保管自己的物品，人走門閉，保管好個人鎖匙		
3.不得私接電線、插板、電器，存放危險物品		
備註：		

4 員工住宿的退房管理

宿舍退房包括在職員工申請退房、被取消住宿資格員工退房和離職員工退房。

（一）在職員工申請退房

1. 申請退房的在職員工，填寫「在職員工退房單」——所在部門負責人簽署意見——宿舍主管簽名並注明退房時間。

2. 申請退房員工按退房時間到宿舍收拾行李，退還衣櫃鑰匙和房間鑰匙給宿舍管理員，宿舍管理員驗收房間設施，在「在職員工退房單」上注明實際退房時間。

3. 申請退房員工憑「在職員工退房單」將行李撤離宿舍，宿舍門衛收回「在職員工退房單」，注明離開時間後交回宿舍管理員。

4. 宿舍管理員將「在職員工退房單」送宿舍主管處存檔。

（二）被取消住宿資格員工退房

1.「取消員工住宿資格通知單」經批准後，被取消住宿資格的員工，按「取消員工住宿資格通知單」上要求退房時間到宿舍收拾行李，退還衣櫃鑰匙和房間鑰匙給宿舍管理員。宿舍管理員在「取消員工住宿資格通知單」上注明實際退房時間。

2. 被取消住宿資格員工憑「取消員工住宿資格通知單」將行李搬

離宿舍，宿舍門衛收回「取消員工住宿資格通知單」，注明離開時間後交回宿舍管理員。

3.宿舍管理員將「取消員工住宿資格通知單」送宿舍主管處存檔。

（三）離職員工退房

1.離職員工持行政部簽發的「離職程式表」，到宿舍主管處辦理退房手續。

2.宿舍主管根據「離職程式表」的要求填寫「離職員工退房單」，注明退房時間。

3.離職員工憑「離職員工退房單」按退房時間交還衣櫃鑰匙和房門鑰匙給宿舍管理員，宿舍管理員驗收房間設施後，在「離職員工退房單」上簽名。

4.離職員工憑「離職員工退房單」將行李搬離宿舍，宿舍門衛在「離職員工退房單」上注明搬離時間。

5.離職員工將「離職員工退房單」送交宿舍主管處。

6.宿舍主管計算該員工當月水電費及其他費用，將扣款情況在「離職程式表」上注明並簽名。

四、凡以上各種人事異動超過退房時間不辦理退房手續的，按每天××元的標準計算房租（水電費另計），不足一天按一天計。

五、退房員工收拾行李時如該宿舍員工無人，退房員工須將行李存放在門衛處至少一個班時，直至該房間兩人以上住宿員工回宿舍後方可取走。

第 十 四 章

總務部門的消防安全管理

1 總務部門的消防安全管理

消防管理關係著企業和員工的生命財產安全,是安全管理中的一項十分重要的工作。消防工作是為了預防火災的發生,最大限度地減少火災損失,提供安全環境,保障生命及財產安全。

(一) 消防安全管理要點:
⑴要保持消防通道暢通。

⑵禁止在消火栓或配電櫃前放置物品。

⑶滅火器應在指定的位置放置及處於可使用狀態。

⑷易燃品的持有量應在允許範圍之內。

⑸所有消防設施設備應處於正常動作狀態。

⑹空調、電梯等大型設施設備的開關及使用應指定專有負責或制

定相關規定。

⑺電源、線路、開關及使用應指定專人負責或制定相關規定。

⑻動火作業要採取足夠的消防措施，作業完成後要確保沒有火種遺留。

（二）必須配備哪些基本消防設施

工廠配備基本的消防設施通常有：

⑴室內消火栓。

⑵室外消火栓（消防車緊急供水，任何人不得私自動用）。

⑶滅火器（手提式、推車式、懸掛式）。

⑷防毒面具、應急電筒（應急使用）。

⑸安全出口指示燈。

⑹煙感、溫感報警器。

⑺應急照明燈（壁掛式）。

⑻火警手動報警器。

⑼事故廣播。

⑽提示禁止標誌。

⑾消防服、隔熱服。

⑿消防宣傳欄。

（三）對消防器材進行定位與標誌

消火栓、滅火器等平常備而不用，但萬一需用時，又往往分秒必爭。由於企業用到它們的機會比較小，因而很容易讓人忽視它們。所以應對這些消防器材善加管理，以備不時之需，具體可採用以下目視方法：

1. 定位

滅火器等消防器材，找一個固定的放置場所，當意外發生時，可以立刻找到滅火器。另外，假設現場的滅火器是懸掛於牆壁上，當滅火器的重量超過 18 千克時，滅火器與地面的距離，應低於 1 米；若重量在 18 千克以下則其高度不得超過 1.5 米。

2. 標誌

企業內的消防器材，常被其他物品遮住，這勢必延誤取用的時機，所以，要嚴格規定，消防設備前面或下面禁止放置任何物品。

3. 禁區

消防器材前面一定要保持暢通，才不會造成取用時的阻礙。所以，為了避免其他物品的佔用，在這些消防器材前面，一定要規劃出安全區，而且畫上「老虎線」，提醒大家共同來遵守安全規則。

4. 放大的操作說明

通常是在非常緊急的時刻才會用到消防器材；這時，人難免會慌亂，而在慌亂的情況之下，恐怕連如何使用這些消防器材都給忘了。所以，最好是在放置這些消防器材的牆壁上，貼上一張放大的簡易操作步驟說明圖，讓所有人來參考使用。

5. 標示換藥日期

注意滅火器內的藥劑的有效期限是否逾期，而且，一定要按時更新，以確保滅火器的可用性。把該滅火器的下一次換藥期，明確地標示在滅火器上，讓所有人共同來注意安全。

2 如何建立消防安全制度

企業在生產活動中往往存在著一些潛在、不可預測的火災隱患，嚴重地威脅著企業財產和員工的生命安全，消防安全工作在企業的各項管理中佔據著極其重要的位置。

為了消除火災隱患，減小火災發生的可能性，把火災造成的危害和損失降到最小，為企業的生產和員工的生活提供安全可靠的環境，企業必須根據消防法規的要求及自身的環境和條件，制定完善的消防安全管理制度和防火規定，來規範消防管理人員和企業員工的日常行為，以避免火災事故的發生。

一般來說，一套完整的消防安全管理制度應該包括以下幾個方面：

1. 消防安全管理的原則

做好消防安全管理可以為企業的發展提供一個安全可靠的環境，促進經濟效益的不斷提高，但消防安全管理工作的開展必須遵循一定的原則，才能達到消防資源的合理配置，保障消防安全管理的科學性。

消防安全管理的原則包括：「誰主管，誰負責」原則、科學管理原則、依法管理原則、依靠員工原則、綜合治理原則。

2. 消防安全管理總則

總則中應明確規定消防安全制度的總目的、實用範圍和消防安全

的指導方針；明確規定單位消防安全工作的管理體制和領導體系、管理內容、程序和方式方法等。

3. 消防安全組織與機構規定

消防安全的組織與機構是企業消防安全工作的核心執行者，直接參與消防安全管理的各項工作與實踐，企業法人是消防安全的第一責任人。

企業各部門均實行防火安全責任制，成立防火安全工作小組，並且要建立義務消防隊，建立起一套完整的消防安全工作機構，以保證在火災一旦發生的情況下，在專業消防隊到來之前，能最大程度地控制火勢蔓延或者把火撲滅在起始階段。

公司成立防火安全領導小組，由公司總經理任組長，負責本公司的防火安全工作。各分公司設立相應的防火工作領導小組，由分公司負責人任組長，保障公司的各項防火安全措施落實到位。

4. 防火安全職責規定

全體員工都應該增強消防意識並履行自己安全防火的責任和義務。嚴格規定各級防火安全責任人的職責，明確安全領導小組的任務，將消防工作列入議事日程，做到與生產經營同計劃、同佈置、同檢查、同總結、同評比。

5. 防火安全措施規定

各部門在生產和工作過程中，必須嚴格執行消防法規的有關規定和企業制定的各項防火安全規定，採取切實可行的具體措施，將防火安全工作落到實處。要加強企業員工的防火安全教育和義務消防員的技術培訓，並定期對各工作部門進行防火安全檢查，杜絕火災的各種隱患，防範於未然。

6. 獎勵與懲罰

對消防安全工作的落實情況要定期進行檢查評比，對於取得優秀成績的單位或個人，要給予適當的表彰和獎勵。對於無視消防安全工作，違反有關消防法規和企業消防安全管理制度的單位或個人，要依據具體情節給予處罰，必要時可給予處分，情節特別嚴重並造成財產損失或人員傷亡的，要移交司法機關追究其刑事責任。

總之，消防安全工作是企業安全工作的重中之重，嚴格完善的消防安全制度是企業安全生產和順利發展的必要條件，制定消防安全管理制度一定要注意以上列出的各項內容和要求。

3 進行消防安全教育

加強消防安全教育，讓全體員工充分認識到火災的危害性和消防工作的重要性，掌握基本的消防知識和方法，提高企業員工的消防意識和技能，是總務部進行消防安全管理的首要任務，也是消防安全管理工作中的一項重要內容和保障手段。

加強消防安全教育，一方面能幫助企業安全管理人員和防火負責人員建立完備的安全知識結構，隨時調整與實際情況不相適應的企業消防安全教育體系，增強各類人員的防火意識，提高企業抵禦火災的整體功能；另一方面作為企業內部員工培訓的重要組成部份，對提高企業員工素質，增強企業內聚力也有重要意義。

1. 進行防火態度教育，增強消防意識

態度是決定一件事情或一項任務是否能夠保質保量、順利完成的決定性因素之一，因此為了增強企業全體人員的消防安全意識，首先要使他們對消防安全工作樹立正確的態度：

(1)培訓教育：通過消防法規、規章制度、紀律及法紀教育，讓企業員工充分瞭解有關防火安全工作的方針和政策，使其認識到消防安全和企業發展及個人利益的密切關係，提高其對消防安全重要性的認識，增強其消防安全的責任感和自覺性。

(2)安全態度教育：通過經常的、耐心的教育工作，結合消防工作寶貴經驗，並聯繫企業在消防安全工作中的經驗，對員工進行有針對性的態度教育，使之嚴肅態度，遵章守法。消防安全教育以人為對象，以防火工作為基礎，吸收教育學和心理學的相關知識和方法，揭示消防安全工作的規律性，預防火災事故發生的一套體系理論。

2. 加強消防知識的普及

要經常給員工介紹和講解基本的防火知識、滅火知識和緊急情況下的疏散與救護知識，使員工瞭解各類滅火器材的基本使用方法，電氣設備的使用規定，知道火災發生時應該如何報警，火災蔓延時怎樣有序疏散進行自救和互救的方法。

(1)消防常識教育：火災發生的條件，各類不同火災發生的原理，本崗位不安全因素的消除和預防，用電、用火的注意事項，火災初起時的撲救等。

(2)專業消防知識教育：鑑於一些機器設備和工作的特殊性，如從事鍋爐、壓力容器、電氣設備、焊接、油漆等作業都需要專門的消防安全知識和技術，因此，對於這些消防安全知識教育的開展，一定要結合相關的生產技術教育，進行專業培訓。

3. 加強消防技能培訓

作為消防安全知識和態度教育的後續性工作,消防技能培訓必不可少,因為有了正確的態度和豐富的知識,並不意味著就能正確合理地操作。

消防工作的意義更多地在於實踐,能否滿足客觀現實的要求,是衡量消防安全教育工作是否到位的根本標準。消防安全技能培訓應該在實戰演練中進行,因為安全操作技能的掌握,就是多次重覆同一個符合要求的動作在人的生理上形成條件反射的結果。

(1)首先對消防安全部門全體管理人員進行消防知識和技能的培訓,主要是進行防火、滅火和緊急疏散等技能的培訓;其次是對企業其他部門員工進行消防知識和技能的培訓,主要是明火的使用要求、電氣設備使用規定及其使用過程中出現火情的緊急處理方法等知識。

(2)要進行廣泛有效的宣傳,一般情況下,比較常見而有效的宣傳方法有:安全簡報、培訓班、宣傳畫、黑板報、座談、講座、標語、看電影錄影、參觀展覽、事故現場分析會、開展安全知識競賽和安全活動日(週、月)等。應該注意的是,要想達到更理想的宣傳教育目的,使消防安全教育規範化和系統化,需要組織有關人員編寫適合各層次、各類型的消防安全教材,廣泛普及消防安全知識。

4. 對新員工進行三級教育

企業新員工都要接受教育,即廠級、和崗位(工段、班組)安全教育。教育主要是針對安全方針、政策、法規、規章制度、消防安全知識及技能的教育、危險場所、危險設備和應注意的消防安全問題等。崗位教育則是針對本崗位的實際,有針對性地提出防火重點和防火的方法。

總之,企業要高度重視消防安全教育,做到警鐘長鳴,毫不懈怠,

並且要有計劃地把集中教育和經常性教育有機結合起來，提高企業員工的消防安全意識和技能，確保消防工作警鐘長鳴。

4 開展消防巡查

對企業所配備的消防設備和消防器材，要通過日常的維修保養使之處於良好的使用狀態，同時，要設專人每日對之進行巡查，及時處理安全隱患，查看消防設施是否齊全、完好。

1. 消防設備巡查內容及頻次

消防設備巡查的內容及頻次，見下表所示：

表 14-4-1 消防設備巡查的內容及頻次

消防設備	巡查內容及頻次
煙溫感報警系統	1. 每週對區域報警器、集中報警器巡視檢查一次，查看電源是否正常，各按鈕是否在接收狀態 2. 每日檢查一次各報警器的內部接線端子是否鬆動，主幹線路、信號線路有否破損，並對 20%的煙感探測器進行抽查試驗 3. 每半年對煙溫感探測器進行逐個保養，擦洗灰塵，檢查探測器底座端子是否牢固，並進行逐個吹煙試驗 4. 對一般場所每三年、污染場所每一年進行一次全面維修保養；主要項目：清洗吸煙室（罩）集成線路，保養檢查放射性元素鎂是否完好等
防火捲簾門系統	1. 每半月檢查一次電氣線路、元件是否正常並清掃灰塵 2. 每月對電氣元件線路檢查保養一次，有無異常現象，絕緣是否良好，按照設計原理進行試驗 3. 每季度對機械元件進行保養檢查、除鏽、加油及密封

續表

送風、 排煙系統	送風	(1)每週巡視檢查各層消防通道內及消防電梯前大廳加壓風口是否靈活 (2)每週巡視檢查各風機控制線路是否正常，進行就地及遙控啟動試驗，打掃機房及風機表面灰塵 (3)每月進行一次維護保養，檢查電氣元件有無損壞鬆動、清掃電氣元件上的灰塵、風機軸承加油等
	排煙	(1)每週巡視檢查各層排煙閥、窗、電源是否正常，有無異常現象；同時對各排煙風機控制線路進行檢查，進行就地啟動試驗，打掃機房及排風機表面灰塵 (2)每月進行一次維護保養，檢查電氣元件有無損壞鬆動，對排煙機軸承及排煙閥機械部分加油保養，打掃機房；同時，按照設計對 50%樓層實施自動控制試驗
消火栓 系統		1.每週巡視檢查各層消火栓、水龍帶、水槍頭、報警按鈕等是否完好無缺，各供水泵、電源是否正常，各電氣元件是否完好無損，處於應用狀態 2.每月檢查一遍各閥門是否靈活，進行除鏽加油保養；檢查水泵是否良好，對水泵表面進行除塵、軸承加油；檢查電氣控制部分是否處於良好狀態，同時按照設計原理進行全面試驗 3.每季度在月檢查的基礎上對水泵進行中修保養，檢查電動機的絕緣是否良好
噴淋系統		1.每週巡視檢查管內水壓是否正常，各供水泵電源是否正常，各電氣元件是否完好無損，處於應用狀態 2.每月巡視檢查噴淋頭有無漏水及其他異常現象，檢查各閥門是否完好並加油保養；同時進行逐層放水，檢查水流指示器的報警是否正常、水位開關是否靈敏及啟動相應的供水泵 3.供水泵月保養、季度中修內容與消火栓水泵檢修相應配合
應急廣 播系統		1.每週檢查主機、電源信號及控制信號是否正常，各控制開關是否處於正常位置，有無損壞和異常現象；及時清洗主機上的灰塵 2.切換機在每月的試驗過程中，是否能正確切換；檢查麥克風是否正常，定期清洗磁頭 3.樓層的喇叭是否正常，清除喇叭上的灰塵等 4.檢查後進行試播放

2.明確消防設施檢查的責任部門及要求

(1)各種消防設施由設備部負責、行政部配合進行定期檢查，發現故障及時維修，以保證其性能完好。

(2)行政部的巡邏保安員每天必須對巡邏區域內的消防設施進行檢查，如滅火器材安放位置是否正確、鐵箱是否牢固、噴嘴是否清潔、暢通等，如發現問題，應及時報告設備部修復或更換。

(3)設備部會同保安人員對消火栓箱門的開啟，箱內水槍、水帶介面，供水閥門和排水閥門等，每月進行一次放水檢查，如出現問題應及時處理整改。

(4)設備部要經常檢查消防報警、探測器（溫感、煙感）等消防設施，發現問題應及時維修。

(5)設備部每 3 個月檢查一次二氧化碳滅火器的重量及其存放位置，對溫度超過 420C 的，應採取處理措施。

(6)設備部應定期檢查「1211」滅火器，重量減少了原有重量的1／10 以上的，應補充藥劑並充氣；對放置在強光或高溫地方的，應馬上移位。

(7)每天都要檢查防火安全門的狀態是否完好，檢查安全消防通道是否暢通，如發現雜物或影響暢通的任何物件，應立即採取措施清除。

(8)消防設施周圍嚴禁堆放雜物，消防通道應隨時保持暢通。

3.做好消防檔案的管理

消防檔案是記載企業內的消防重點以及消防安全工作基本情況的文書檔案，政部應建立消防管理檔案。消防檔案的內容通常有：

消防設施檔案的內容包括消防通道暢通情況、消火栓完好情況、消防水池的儲水情況、滅火器的放置位置是否合適、消防器材的數量

及佈置是否合理、消防設施更新記錄等。

防火檔案包括消防負責人及管理人員名單、區域平面圖、建築結構圖、交通和水源情況、消防管理制度、火險隱患、消防設備狀況、重點消防部位、前期消防工作概況等。以上內容都應詳細記錄在檔案中，以備查閱；同時，還應根據檔案記載的前期消防工作概況，定期進行研究，不斷提高消防管理水準。

5 安全衛生

1. 安全意識

⑴災害的發生都是平時的疏忽造成的。

⑵任何災害都可以事先防止的。

⑶預防災害的發生，重於事後的處理。

⑷安全來自正確的作業，而正確的作業須全體遵守與改善。

⑸工業安全，人人有責。

⑹不要忽視小小的問題，因為小問題往往是造成大災害的導火線。

⑺災害並非無緣無故發生的，一定事出有因，應追究其發生原因，並加以消滅。

2. 各級主管人員安全職責

⑴負有該管轄單位安全的全責。

⑵督導所屬各單位人員確實維護安全，遵守安全守則。

⑶訓練所屬員工對預防危害的認識。

⑷建立該單位安全防護組織及應變處理措施。

⑸隨時親自或督導所屬檢查各項設備設施及整理整頓轄區內的環境衛生。

⑹鼓勵員工隨時提出安全改善意見。

⑺以身作則，維持風紀，建立良好的工作楷模。

3. 安全衛生專業人員職責

⑴擬定安全衛生推行及防護計劃，並予執行與考核。

⑵實施安全衛生教育、灌輸員工安全衛生概念。

⑶安全事故之調查報告與統計。

⑷安全衛生工作的改善建議。

⑸安全衛生日常檢查與定期檢查。

⑹防護團業務推行及安全衛生演習事宜。

⑺本單位醫療、保健及員工健康檢查事宜。

⑻其他有關促進安全衛生業務事項。

4. 一般員工安全守則

⑴熟悉並遵守安全衛生規定。

⑵對自己的工作內容及使用的儀器設備必須徹底瞭解。

⑶隨時提高警覺，注意防止意外發生。

⑷發生意外事故時，須保持鎮靜，從容處理，並立即呈報上級處理。

⑸非因工作需要不得逗留他人工作區，以免發生危險事故。

⑹經常維護工作環境整潔。

⑺工作時，應遵照作業規範作業。

⑻勿將工具或物品放置在人行走道上。

⑼不足在工作場所奔跑。

⑽不可在嚴禁煙火的區域吸煙。

5. 環境安全衛生守則

⑴工作場所須保持清潔。

⑵走道通路、樓梯要保持通行無阻,不可長久堆存物料。

⑶垃圾須丟入垃圾容器內,不可散落滿地。

⑷衣物、工具、物品要放置要固定的位置,養成物有定所歸還原處的習慣。

⑸地面需保持乾淨,避免有鐵釘尖銳物或易滑油類污染。

⑹上班時把門窗打開讓空氣流通,下班時關好門窗水電。

⑺工作時不吸煙,吸煙要在指定的地方,以策安全。

⑻門窗電源、消防器材、水龍頭等要指定專人維護與管理。

⑼物品不可堆積太高,以免妨害視線或掉落傷人。

⑽防止可能發生火災的任何原因。

6. 工作服裝安全守則

⑴寬鬆衣服、外套及帶子、領帶,均易被機械捲入或勾住,發生危險。

⑵工作時需穿鞋子,不可穿拖鞋或赤腳。

⑶在特定場所需戴安全帽,以保護頭部。

⑷作業時需穿著工作服,鈕扣依規定扣緊。

⑸使用砂輪或高速轉動磨輪時勿帶手套。

7. 眼睛安全守則

⑴對眼睛有危害的工作場所,需戴安全眼鏡。

⑵下列工作需佩戴安全眼鏡:

①焊切物體,砂輪磨削鐵器。

②操作車床車削工作。

③熔解作業。

④翻砂澆注工作或鑄鋁工作。

⑤使用磨輪清理鑄件。

⑥清理鑄砂。

⑦噴砂工作。

8.消防安全守則

⑴消防設施應定期檢查，及更換失效的設施。

⑵器材物料的堆放，不得妨礙消防設備的取用。

⑶任何時刻不可在油庫噴漆油箱等嚴禁煙火區域內吸火。

⑷油類著火須用砂或粉狀化學藥劑撲滅。

⑸環境髒亂容易造成火災。

⑹下班時，關閉電氣開關。

⑺瓦斯氣筒的存放應置於蔭涼地方。

⑻員工應熟知消防器材的使用方法及放置消防器材的地點。

9.現場作業安全守則

（衝床、車床、刨床、鑽床、鑄造、鑄鋁、電工、氣焊、電焊、吊車、砂輪機、噴漆、升降機、倉儲搬運、堆高機操作、手推車、焊錫、酸洗、鋁爐）

⑴集中精神，不可分心，以免發生危險。

⑵材料堆放整齊，以免絆倒割傷。

⑶工作前適當檢查使用之機器設備。

⑷注意機器保養維護，填加潤滑油。

⑸注意加工時掉落之鐵層射出傷人。

⑹工作對象、工具、量具、冶夾具等應放置定位。

⑺如發生緊急事故時，應先切斷機器電源。

⑻工作物加工時要固定鎖緊，以免掉落傷人。

⑼應戴防護眼鏡及安全帽。

⑽注意每一機器設備之正確操作方法。

⑾機器設備負荷量不可超限使用，以免發生危險。

⑿發生災害時，對受傷人員應爭取時效，施以急救，以免延誤時機。

第 十五 章

總務部門的清潔管理

1 如何進行清潔管理

　　企業要想在公眾中樹立良好的形象,同時給員工提供一個舒適的工作環境,就必須做好清潔衛生工作,加強清潔衛生的區域化管理。企業清潔衛生管理包含的內容很豐富,並且因企業經營業務和生產組織方式的不同而有所差別:

1. 公共區域的清潔衛生

　　公共區域包括樓層服務工作間、走廊、電梯間、樓梯間等。

　　(1)樓層服務工作間是企業對外的平台,企業的外在形象,必須做好這裏的清潔衛生,每天擦拭服務台面,保證沒有雜物,整理好各種辦公用品,保證整個工作間的清潔衛生。

　　(2)走廊的地毯要定期進行清洗或更換,地面要做到每天清掃,走

廊兩側的消防器材、報警器也要每天擦拭，保持清潔。

(3)電梯間和樓梯間經常都是客人接觸樓面的第一場所，是展現企業形象的所在，因此更應該保持清潔、明亮。

2. 更衣室的清潔衛生

(1)更衣室地面工作的職責，包括掃地、拖地、擦抹牆角、清潔衛生死角等。

(2)清潔浴室包括擦洗地面和牆身，清潔門、牆和洗手池，清潔衣櫃的櫃頂和櫃身等。

(3)如果在更衣室撿到員工遺失物品，要及時登記並上交。

3. 衛生間的清潔衛生

(1)為了達到更好的清潔效果，衛生間的清潔工作應自上而下進行，並且在水中放入適量的清潔劑；

(2)每天定時清除廁所內的垃圾雜物，用清潔劑清除地膠墊和下水道口，清潔缸圈上的污垢和污漬；

(3)定期清潔鏡面，保持鏡面明亮無塵，用清水清洗水箱，並用專用的抹布擦幹；

(4)衛生間內要定期消毒，並且在適當位置放置適量清潔球以便消除異味，用座內部用清水清洗，確保座面四週清潔無污垢；

(5)定期更換毛巾，補充日常用品，並且在工作報表上註明需要的品種與數量。

4. 草地保養管理

草地能起到淨化空氣、美化環境的作用，對改善員工心情、緩解緊張情緒有著獨特效果，必須做好企業草地的清潔管理工作。

(1)草地要保證每月剪割一次，每季施肥一次，入秋後禁止剪割；

(2)安裝自動噴灌系統，定期對草地進行噴水灌溉，噴水灌溉要視

氣候狀況和天氣狀況有所調整，原則是保證草地的水分充足；

(3)草地修剪應採用橫、豎、轉方法交替割草，防止轉彎時局部草地受損過大，割草時行距疊合在 40%～50%之間，防止漏割；

(4)割草時要防止汽油、機油的滴漏，以免造成塊狀死草。定期清理草上的垃圾和雜物，保持草地的整潔乾淨。

5. 盆景保護管理

要做好企業盆景的保護管理應該做到：

(1)建立盆景檔案制度，所有山石盆景注意佩掛鐵牌、編號，並拍照入冊，做到盆景、名稱、編號、照片對號存檔，確保妥善管理；

(2)如果添置新的盆景，經管理者、領班、經理共同簽名確認後，及時入檔；

(3)室內更換盆景每次都應嚴格登記，註明時間、地點及成長狀況。

總之，企業清潔衛生管理是企業安全衛生管理的重要組成部份，對企業的發展和員工的健康同樣具有不可忽視的作用，企業一定要根據自身的客觀實際，制定科學合理的清潔衛生管理制度。

2 如何進行衛生管理工作

清潔和衛生既有區別又有聯繫，清潔維護工作和衛生管理工作都是企業安全衛生管理的有機組成部份。

企業除了要做好清潔維護工作外，還必須加強衛生安全管理工作，保證工作環境的衛生及員工的身心健康。衛生管理的內容有以下幾點：

1. 加強衛生宣傳，做好基礎工作

定期有目的地進行衛生宣傳，使企業的每一名員工都充分認識到衛生安全的重要性和必要性，掌握必要的衛生安全知識，以便養成科學衛生的生活習慣。在衛生管理基礎工作方面，要做到：

(1)保證各工作場所內整潔衛生，做到每天至少清掃一次，沒有垃圾、污垢和碎屑，採取各種辦法減少揚塵；

(2)禁止隨地吐痰，教育員工摒棄這種不正確的生活陋習；

(3)洗手間、更衣室及其他衛生設施，都要保持清潔；

(4)排水溝應經常清除污垢，保持清潔暢通；

(5)各工作場所必須定期消毒，並做到經常通風換氣。

2. 有礙衛生的氣體和粉塵的處理

有礙衛生的氣體不僅會造成作業環境的惡化，還嚴重危害著企業員工的人身安全。粉塵除了其本身對員工健康有著不利影響外，還經常是很多病毒和有害細菌的傳播載體，對員工的健康存在著潛在的危

害。因此對於有礙衛生的氣體和粉塵應做以下處理：

(1)採用吸收過濾減少有害物質的產生；

(2)使用密閉器具以防止有害物質的擴散；

(3)在產生有害物附近，按其性質分別做凝固、沉澱、吸引或排除處置。

3. 採光方面的管理

要想營造舒適的工作環境，必須保障各工作場所都光線充分以及分佈適宜，並且要防止眩目和閃動，避免造成員工視覺錯覺而引發事故發生。各工作場所的窗戶及照明器具的透光部份，均應保持明亮清潔。在自然光無法達到的地方或時段，要用適當的方法進行補光處理。凡階梯、升降機上下處及機械危險部份，均應保證適當的光線。

4. 衛生維護用具配備管理

從事特殊工作(如電焊、油漆等)的工作人員，應根據工作特殊性的需要配發防護裝、手套、防護眼鏡等，以確保其健康安全。為保持良好的環境，應在工作場所放置清掃工具，廢棄物和垃圾應放於指定地點。作為應急措施，在作業現場和工作場所都要配備必要的急救用品。衛生維護用具要定期檢查，及時予以更換和補充。

5. 就業和上崗限制

為了維護正常的工作秩序，依據醫師的診斷結果，患有下列疾病者，應禁止其在患病期間就業和工作上崗：

(1)開放性肺結核；

(2)精神分裂症及其他精神病；

(3)麻疹、炭疽病、急性熱病；

(4)傳染性較強的紅眼病、化膿性結膜炎等；

(5)梅毒、淋病、疥癬等傳染性皮膚病；

(6)非典、肺炎等傳染性疾病。

6. 安全衛生教育

在企業內部要做好自上而下的衛生安全教育和再教育，保證每一名管理者和普通員工都具備基本的衛生安全知識，充分認識到衛生安全的重要性，充分認識到清潔衛生的重要性，摒棄陋習，養成良好的生活習慣，這樣既能維護個人的衛生，還能營造一個人人相互尊重的溫馨愉悅的工作環境。為了有效地保證衛生安全教育的實施，可定期從企業外部聘請專家，舉辦衛生安全講座。同時還應該借助標語、海報等方式時刻提醒員工，進行長期不懈的宣傳。

總之，做好企業的衛生管理工作，要充分維護員工的健康，塑造和保持企業良好的工作環境。

3 總務部門的健康管理

（一）開展職業健康檢查
1. 工作上崗前職業健康檢查

(1)新進廠員工在行政部確定其崗位後，必須持「體檢表」進行就業前體檢，將從事接觸職業病危害作業的員工（如噴油工、電焊工）除了進行基本專案檢查外，還應根據工作崗位職業危害（高溫、毒物、粉塵等）的特點到衛生行政部門批准的醫療衛生機構進行相應專案的檢查，排除職業禁忌症者。

(2)更換作業崗位的員工，如果從事的工作崗位與原工作崗位所

接觸的職業病危害不同時，必須按新作業崗位職業危害特點進行職業性健康檢查，有職業禁忌者禁止上崗。

(3)若現從事的崗位增加了新的職業危害因素時，應根據崗位新的職業病危害因素進行體檢，排除職業禁忌者。

(4)因工傷事故或病休而長期離崗（半年或以上）後再上崗者，上崗前應進行體檢，將從事接觸職業病危害作業的員工，除進行基本專案檢查外，還應根據崗位職業危害的特點到衛生行政部門批准的醫療衛生機構進行相應專案的檢查，排除職業禁忌症者。

2.在工作崗位期間的定期職業健康檢查

(1)職業健康檢查應當根據所接觸的職業危害因素類別，按《職業健康檢查專案及週期》的規定確定檢查專案和檢查週期。

(2)職業健康體檢通常由行政部負責組織並制訂體檢計畫，公司各部門督促本部門的職工按體檢計畫進行體檢和必要的複檢，行政部負責協助和督促。

(3)職業健康檢查結束後，通常由總務單位負責發出職業健康檢查追蹤觀察異常人員治療通知單，各部門負責人在接到治療通知單後應及時安排和督促異常人員／追蹤觀察人員進行治療／定期檢查。異常人員和追蹤觀察人員應在指定的期限之前將治療或復查結果回饋給行政部。

3.離崗時職業健康檢查

從事接觸職業性危害作業的作業人員，在定期（在工作崗位期間）職業健康檢查 6 個月後離崗（包括退休、解除合約），應當進行離崗時的職業健康檢查，沒有進行職業健康檢查的，不得解除或終止與其簽訂的勞動合約。

4. 應急性職業健康檢查

公司對遭受或者可能遭受急性職業病危害的勞動者，應當及時組織救治、進行健康檢查和醫學觀察。

（二）運用勞工防護用品保安全

勞工防護用品是指工作者在勞動過程中為免遭或減輕事故傷害或職業危害所配備的防護裝備。防護用品分為一般勞動保護用品和特種勞動防護用品。其中，特種勞工防護用品是在易發生傷害及職業危害的場合供員工穿戴或使用的勞動防護用品。總務部門須對勞工防護用品的發放與管理進行有效的控制。

（三）開展勞動衛生知識教育

（1）新員工上崗前須接受公司、部門、班組級三級勞動衛生教育。具體實施按照《安全教育培訓制度》執行。

（2）對已從事有毒有害作業的人員須進行在崗期間勞動衛生、職業病防治及勞動保護知識的經常性教育培訓。

（四）開展勞動衛生防護
1. 高溫作業

（1）每年在高溫季節來臨之前制定防暑降溫措施，組織專項檢查，監督各部門配合落實防暑降溫措施。

（2）在高溫季節前將高溫作業職業禁忌症者，調離原工作崗位。

（3）在高溫期間應保證員工飲用水的供應，並相應提供其他清涼解暑的飲品。

2.毒物作業

(1)作業前制定安全作業措施,並對作業人員進行詳細佈置。(2)作業時必須穿戴好相應的防護用品。

(3)在作業現場配備好應急處理藥箱,檢查噴淋、洗眼設備確定有效。

3.電焊、切割作業

作業時必須穿戴好相應的防護用品,注意防毒防塵。

(五)員工心理健康管理

日益激烈的社會競爭,工作壓力,工作環境,人際關係,職位變遷,福利、薪水的差異,家庭的和諧等都會直接影響員工的心理健康狀況。

(1)心理狀況調查

工廠管理人員需要採用專業的心理健康調查方法,建立員工個人心理檔案、評估員工心理現狀,分析導致問題產生的原因。

(2)心理健康宣傳

利用印刷資料、網路、講座等多種形式樹立員工對心理健康的正確認識,鼓勵員工遇到心理困惑時積極尋求幫助。

(3)心理培訓

通過心理解壓、情緒管理、職業心態、協調工作與生活的關係等系列培訓,幫助員工掌握提高心理素質、保持心理健康的基本方法和技巧,通過適當方式協助員工解決心理問題。

(4)心理諮詢

對於受心理問題困擾的員工,工廠管理人員可以提供個人諮詢、電話熱線諮詢、電子郵件諮詢等形式多樣的方式,充分解決困擾員工

的心理問題。

⑸效果評估

在定期比如半年，分別提供階段性評估和總體評估報告，及時瞭解員工幫助計畫的實施效果，為改善和提高服務品質提供依據。

4 員工服裝儀容規定

員工服裝儀容管理規定：

1. 本廠員工上班時間一律穿制服，戴工作帽、佩掛識別證、服裝、儀容整齊、清潔乾淨。

2. 本廠夏季制服為淺藍色短袖上衣、深藍色長褲、上衣繡公司標誌。日本廠冬季制服為深藍色夾克（襯衫不限，但以素色為原則）及深藍色長褲、夾克繡公司標誌。

3. 員工上班一律穿鞋，不可打赤腳或穿拖鞋、涼鞋、高跟鞋。

4. 男性員工不得蓄長頭髮（其標準為左右兩邊不得超過耳朵，後面不得超過襯衫領子），不得蓄留鬍鬚。

5. 女性員工不得染整異色頭髮。

6. 員工夏季制服每年 5 月各發 2 套

　員工冬季制服每年 11 月各發 1 套

　員工工作帽每年 1 月各發 1 頂

7. 新制服發放後，三個月內離職者，需扣制服費的一半。

第 十 六 章

總務部門的門禁管理

1 總務單位的值班管理

值班工作是企業的樞紐，具有溝通上下、聯繫內外、協調左右的作用。值班工作保證上級重要指示及時傳達和本企業發生的重大緊急事情及時反映，要及時處理，才能保證工作順利進行。

（一）建立值班制度

要完成好值班任務，除了要求值班工作人員有較好的素質外，還應建立健全各項規章制度。

表 16-1-1　值班制度

序號	制度類型	說明
1	交接班制度	應堅持交接班制度，由前一天的值班員將所接收的資訊及處理情況逐一交代給下一班值班員
2	崗位責任制度	應制定值班人員必須堅守崗位，不能擅離職守。值班室內不同層次的值班人員應規定不同的職責，如帶班員職責、值正班人員的職責、副班人員的職責等
3	保密制度	值班工作常常接觸許多機密性檔和事情，應制定嚴格的保密細則，包括外來人員的接待範圍、各種資訊材料的保管方式、不同密級的資訊材料的傳遞方式等
4	輔助性制度	建立一些必要的輔助性制度，如「會客制度」、「衛生制度」、「考勤制度」等
5	資訊處理制度	包括對各種管道傳遞來的資訊基本處理程式，如下級部門用電話報送一條資訊，值班員應如何記錄、登記，哪一類資訊應報·哪一級領導

（二）安排值班
⑴建立輪值班日誌

　　值班日誌是值班人員所必須注意的事件，包含時間、值班人、事項、備註等。值班記錄中最重要的是值班日誌，值班日誌應以天為單位，記錄值班中遇到的情況和工作經歷。以下是某企業的值班日誌範本。

- 295 -

(2) 3 人輪班，1 人替班。

3 人輪班，每晝夜 3 班倒，每班 8 小時，保證辦公室 1 人值班，使工作時間大體相等。替班人員主要是替 3 位值班員公休，剩餘 3 天安排其他工作。這種方法適宜晝夜工作量差不多的企業，但有時，尤其是白天辦公時間一個人緊張，有時出去要請同事代看一下。

(3) 3 人倒班，1 人帶班。

帶班者上長日班，一般兼管企業事務性工作。另 3 人每天 1 人大班（24 小時連班）、1 人小班（日班）、1 人休息。第一天小班的值班員第二天大班，第一天大班的值班員第二天休息，第一天休息的第二天小班，依次類推。輪到星期六、星期天和星期一上小班進行公休，這樣，星期二至星期五白天 3 人（帶班者加大、小班），星期六、星期日、星期一白天兩人（帶班者和大班），夜間一人值班。這種方法適宜白天事務多，夜間和節假日事情較少的企業。

(4) 4 人順輪。

1. 星期日值班安排

除有專門值班員的企業以外，一般採取企業所有人員大輪班的方法，每季、每半年安排一次均可，但最好不要一次安排時間過長，以免遺忘誤事。星期日輪流值班還要注意安排領導和司機值班。

2. 法定節日值班

法定節日值班需要加強力量，不但有領導帶班，司機值班，而且一般需要有 2 人值班。由值班室在法定節日前排好值班表，明確交接班手續，印表分發給每個值班人員。

3. 4 人順輪

即 4 位值班員挨個向下順排，每人 8 小時或 12 小時輪流值班，節假日不另安排，平日不值班者還可上班做些彌補性、後續性工作。

4. 兼職值班

兼職值班是在正常辦公時間，由企業有關部門（如秘書、行政）的人員兼職，值班室遇到的事，誰負責的範圍誰處理；中午和夜間輪流值班。

企業所有人員（可以執行值班任務的人員）中午和夜間大輪班。每天 1 人，一天一輪換，把全體值班人員列表印發，輪到值班的時候自行上崗。值班者可提前吃飯。

5. 專兼結合值班

專兼結合值班，即正常上班時間專職，中午和夜間兼職。辦公室設 1～2 人專職值班員白天值班，其他時間採取第二種方法的安排，即大輪班或「單身者」代班。

表 16-1-2　　值班日誌

來賓登記　　　　　　　　　　　　　　年　　月　　日

姓名	證件號碼	所屬公司	車牌號	接洽人員/部門	事由	到來時間	離開時間	備註

表 16-1-3　企業來賓出入登記表

來賓姓名		同行人數		來賓企業	
聯繫電話		車別		□轎車　□貨車　□客車	
進入時車輛	□載本公司貨品　□載其他公司貨品　□空車				
進出事由	□交貨　□提貨　□參觀　□私事拜訪　□其他				
來賓自備工具、物品	□沒有　□有（請另填來賓自備工具、物品清單）				
接洽人姓名： 部門： 簽章：		進入時間：　　時　　分 離開時間：　　時　　分		值班人 簽章	

2 如何進行安全保衛管理

　　加強企業的安全保衛管理，建立完善的安全保衛制度，維護企業正常秩序，是企業各項具體工作順利開展的前提，也是企業後勤工作的重要組成部份，在企業的安全管理中佔有舉足輕重的地位。

　　安全保衛管理不僅是企業自身安全的需要，而且是保障每一名員工的生命財產安全和舒適的工作、生活環境的基本條件，同時安全穩定的企業環境，也是塑造現代企業形象、增加企業信譽不可缺少的一個重要方面。

　　一般來說，要想做好企業的安全保衛管理工作，應該做到以下幾

點：

1. 內部安全保衛和社會治安工作相結合

　　企業是現代社會的重要組成部份，其內部治安工作也是城市社會治安的一部份，企業內部的安全保衛工作有賴於社會力量和治安部門的支持。企業內部安全保衛部門應始終與當地治安部門保持密切聯繫，及時瞭解社會治安狀況，準確掌握犯罪份子的動向，積極配合做好企業週圍和內部的治安工作，確保企業的安全。

2. 加強安全保衛工作的硬體建設

　　企業安全保衛工作的順利開展，既依賴其有效的軟體管理，即人的因素，也需要治安防範的硬體基礎，即物的因素。所以，一方面要加強企業的保安隊伍建設，完善各種安全保衛制度，落實安全保衛防範措施；另一方面還要健全企業治安防範的硬體設施建設，即建立完善的電子監控系統，配備充足的對講機等安全保衛工作所需的設備等。

3. 建立健全安全保衛組織機構

圖 16-2-1　保安組織機構圖

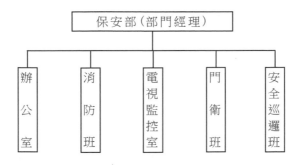

　　企業必須靠自己的力量，根據保安工作性質和任務的不同，建立完善安全保衛組織，成立專門的保衛部門，配備充足的保安人員，並

根據企業自身的實際情況建立保安人員崗位責任制和各項治安保衛
制度，加強保安部門的管理。

4.明確各級人員崗位責任

(1)保安部部門經理職責：

負責整個企業範圍內的安全保衛工作，制定保安部門工作計劃，
建立健全各項安全保衛制度；召集並主持部門例會，組織保安部全體
保安人員開展各項治安保衛工作；積極組織開展以「五防」為核心的
安全法紀教育，組織保安部門的培訓工作；監督考察本部門各崗位保
安的工作表現，處理有關保安工作方面的投訴等。

(2)門衛保安職責：

疏通車輛和人員進出，檢查車輛和人員進入的相關證件，維護門
口秩序，保證車輛和行人安全，使門前暢通無阻；認真履行值班登記
制度，詳細記錄值班中發生、處理的各種情況；堅持執行企業大宗及
貴重物品憑證出入制度，確保企業財產安全；提高警惕，發現可疑人
員和車輛後應及時處理並迅速報告主管等。

(3)巡邏保安職責：

巡視檢查廠區內是否有不安全因素，發現情況及時報告，並採取
有效措施進行處理；制止廠區內，尤其是在大廈或辦公樓的電梯、公
共走廊等地的各種不良行為；對形跡可疑的人員和車輛進行必要的查
詢；檢查消防設備是否完好，及時發現並消除火災隱患；配合其他部
門人員的工作。

(4)電子監控職責：

全天候嚴密監視保安對象的各種情況，發現可疑或不安全跡象，
及時告知值班保安就地處理，並及時通過對講機向辦公室報告，且隨
時跟蹤情況直到問題解決；發現監控設備故障要立即通知值班保安加

強防範，並立即設法修復；要記錄當班的監控情況，嚴格執行交班接班制度。總的來說，企業的安全保衛工作，對於保證企業的政黨動作是必需的，有關人員特別是負責人一定要對此保持高度警惕，不可有絲毫馬虎。

3 企業的安全護衛管理

安全防範設施在企業管理工作中是必不可少的，企業根據財力和廠區實際情況，配備必要的安全防範設施。

企業治安管理除了靠人力（治安管理人員），技術設施防範也是很必要的。必要的安全設施有：在廠區四週修建圍牆，在重要部位安裝防盜門、防盜鎖、防盜報警裝置、電視監控系統與對講系統等。

一、開展安全巡視

安全巡視制度是為了明確重點保護目標，做到點面結合的一種措施，這一措施可以通過門衛登記、守護和巡邏三項具體工作來實施。

1. 門衛登記

門衛登記一般是在企業大門進出口處配備 1～2 名保安人員，一般負責下列職責：

(1)嚴格控制人員和車輛進入，對進入企業廠區的來訪人員進行驗證登記。

(2)對攜帶物品外出的人員特別是流動人員實行嚴格的檢查,防止財物流失,並維護企業廠區的正常秩序。

(3)防止有礙安全和有傷風雅事件的發生。

(4)門衛登記應實行 24 小時值班制。

2.守護

守護指的是治安保衛人員對特定的重要目標實行實地看護和守衛的一種活動。行政經理要根據守護目標的範圍、特點及週圍環境來確定適當數量的守護崗位,並據此安排守護人員。守護崗位的保安人員,應做到下面的「四熟悉」:

(1)熟悉守護目標的情形、性質、特點、週圍治安情況和守護方面的有利、不利條件。

(2)熟悉有關制度、規定及准許出入的手續和證件。

(3)熟悉守護崗位週圍地形及設施情況。

(3)熟悉電閘、消火栓、滅火器等安全設備的位置、性能和使用方法,以及各砸報警裝置的使用方法。

3.巡邏

巡邏是指為了確保企業廠區安全的生產活動,治安管理人員在企業區域內有計劃地巡迴觀察。作為巡邏的保安人員要有發現和排除各種不安全因素的能力。

巡邏的方式一般有往返式、交叉式和循環式三種。採用何種方式不宜固定,三種方式應交叉使用,便於全方位巡邏,還可以防止壞人掌握規律。

安排巡邏路線時,一定要把重點、要害部位,多發、易發事件地區和地點放在巡邏路線上,只有這樣,才能有效地防範和打擊犯罪行為的發生。

二、設置安全崗位

為了明確各級保安人員的職責與權力，規範其行為，行政經理應協助治安管理部門及其管理人員制定「保安員值班崗位責任制」、「門崗值班制度」、「保安員交接班制度」、「保安員器械使用管理規定」等制度。

為了約束企業員工的日常行為，減少各類事故發生的隱患，共同做好企業區域的治安防範工作，企業應制定治安管理規定。主要有「治安保衛管理規定」、「防火防風等安全管理規定」等。

具體來說，行政經理應根據企業廠區的大小和當地社會治安情況，配備相應數量的保安人員，實行 24 小時值班制度，從而保證企業治安的管理工作有條不紊地進行。

三、應制定那些安全防範制度

企業應制定各種具體的安全防範規定，加強日常管理，不給犯罪分子可乘之機。其具體規定有：

(1)辦公室鑰匙管理規定。

(2)收銀管理規定。

(3)會客制度。

(4)財物安全管理規定。

(5)貨倉管理規定。

(6)更衣室安全管理規定。

(7)員工宿舍管理規定。

4 企業的出入廠管理辦法

第一條：為維護廠區安全，並使出入廠區人員、物品的管理有所遵循，特訂定本辦法。

第二條：凡人員及物品的出入廠門悉遵守本辦法，由警衛人員負責管理。

第三條：本公司人員出入管理：

1. 本公司員工出入廠門，應穿著規定服裝，配掛識別證（見圖13-2）於胸處，以資識別，並嚴禁赤足或穿著拖鞋。

2. 員工出入廠門，如攜有物品，應自動出示，接受檢查。

3. 員工上下班時，應行排隊打卡，並不得代替他人打卡，如經發現依人事管理規則處分。

4. 凡進出廠在大門及在廠區範圍以內，無論上下班時間一律佩掛識別證，未按規定佩掛者，依人事管理規則處分。

5. 工作時間內出廠者：

⑴從業人員臨時因公外出時，應填具「從業人員出入門證」。經部門主管核簽後交「警衛室」，並由警衛人員簽注出廠時間。公畢返廠時，亦由警衛人員簽註入廠時間後由警衛於翌日上午十時前轉送管理部核對考勤記錄，如遇有異常情形應即聯絡其所屬部門之主管處理。

⑵因故請假出廠者，應按規定辦理請假手續後打卡出廠。

⑶下班時間除公務者外，禁止逗留或進入廠內。

第四條：公司外人員出入管理：

1. 凡公司外人員來訪時，應先填簽「來賓登記表」，由警衛人員電話聯絡後，以在會客室接見為原則。

但如須親自前往主辦單位洽公者，應佩掛「貴賓證」（見圖13-3），由被訪問人員或其指定人員引進。

2. 公畢出廠時，訪問洽公人員攜出「貴賓證」交還「警衛室」，並由警衛人員簽注出廠時間。

3. 凡須進入現場洽公或參觀主人員，不得攜帶任何危險物品、照相機或描繪工具等。

4. 禁止來賓進入未經准許之現場單位參觀洽公，發現或接獲他人檢舉，應由管理部查明責任歸屬，依人事管理規則有關規定辦理。

第五條：物品(含托外加工品、下腳品等)出廠，應憑「攜物外出放行證」由經辦單位填具名稱、數量、出廠原因、車號、經單位主管簽章確認後交「警衛室」檢點存查。

第六條：廠商交貨車輛。經警衛人員查驗後，並登記於「進廠交貨登記簿」註明車行、車號、裝運品名、入廠時間以備查考。

第七條：本公司員工遺失「識別證」，應即向人事單位申請補發，如有重領或原領識別證經找到不及時繳回而故意使他人蒙混出入廠者，一經察覺無論使用人或借用人應依本公司人事管理規則或法律規定辦理懲處。

第八條：本辦法經核准後實施，修改時亦同。

圖 16-4-1 識別證

	股份有限公司
相 片	姓名：＿＿＿ 職稱：＿＿＿ 編號：＿＿＿

圖 16-4-2 貴賓證

股份有限公司
貴賓證
No. ＿＿＿＿＿

表 16-4-1 員工出入門證

姓名			所屬部門					
出入廠事由								
出入廠日期	年　月　日		預定時間	時　分出	到達	地點		
				時　分		部門		
備註								
實際時間	時　分出	守衛						
	時　分入	守衛						

表 16-4-2　來賓登記表

年　　月　　日（星期　　）

來賓證	時間		機關團體名稱	姓名	事由	被訪問者姓名	備註
	入廠	出廠					

表 16-4-3　員工攜物外出放行證

（存根）　　　　　　　　　　　　　　　　　　　　　　（警衛室）

品名						批示
單位						
數量						
料號						
攜出時間						
送達地點						主管單位

品名						
單位						
數量						
料號						人員攜物
攜出時間						年　月　日
達送地點						

5 員工出入管理規定

一、員工出入管理規定

1. 員工進入廠內需佩帶識別證始准進入（圖 16-5-1）。

2. 員工未佩帶識別證時，守衛人員需查明身份及登記缺點後始准進入。

3. 上班時間出入廠區者，除患急病、受傷或課長級以上人員外，一律須憑「公出單」通行。

4. 遲到、早退或請假者，須打出勤或退勤卡進出。

5. 員工出入廠區限在上班時間內，例假日或下班後禁止員工進出廠區。

6. 本廠大門，每天自下午 6：00 以後至次晨 7：00 以前關閉由警衛人員守衛，除特殊事故，經核准外，一律禁止出入。

7. 員工出入大門須穿著制服，並將識別證佩掛於制服上嚴禁酗酒或攜帶危險物品。

8. 員工夜間加班或例假日加班時，其出入規定亦須遵守以上規定。

9. 守衛人員每天須將「公出單」送人事部門登入出勤卡出勤記錄中。

10. 員工陪同親友進入廠內時，亦須辦理入廠登記手續後才准進入

（參閱來賓出入管理規定）。

　　11. 本公司或關係企業員工進入本廠時，亦須辦理入廠登記手續後，方准進入（參閱來賓出入管理規定）。

二、來賓出入管理規定

　　1. 凡是來賓訪客（包括外包協力廠商，本公司其他單位人員、員工親友等）進入廠內時，一律在警衛室辦妥來賓出入登記手續，應暫時保留身份證或其他證明文件，並查明來訪事由，經征得受訪人員同意及填寫「會客登記單」後，核發「來賓識別證」（圖 16-5-2）及持第 2 聯「會客登記單」（表 16-5-1）進入廠內。並依下列規定使用：

　　⑴「來賓識別證」應佩掛於胸前，始得進入有關單位會客後，受訪者需在「會客登記單」上簽字，來賓須將「來賓識別證」及「入廠登記單」交還給警衛室查對後，始可退回證件、離廠。

　　⑵團體來賓參觀時，須由有關單位陪同始准進入。

　　2. 來賓來訪時。除特殊業務需要始准其進入廠內外，其餘原則上均須在警衛室會客室會面，不准進入廠內。

　　3. 本公司其他單位人員，因業務需要進出廠區時，除課長級以上主管外，一律須先辦登記後始准進入。

　　4. 員工親友私事來訪時，除特殊緊急事故，經由課長核准外，不得在上班時間內會客，但得於會客室內等候在下班時會見。

　　5. 外包協力廠商出入廠區頻繁者，由有關單位（採購或總務）申請識別證（見圖 16-5-3）憑識別證出入大門，沒有申請識別證之廠商亦須辦理登記後始准進入。

　　6. 來賓出入廠區時，警衛人員須檢查隨身攜帶之物品，嚴禁攜帶

危險物品進入。

7.嚴禁外界推銷人員或小販進入廠內。

三、車輛出入管理規定

1. 機車管理

⑴機車駛進大門時，即應熄火（嚴禁在廠區內騎乘機車）整齊排放在停車棚。

⑵如系廠商機車送貨品時，因過重無法攜行時，始准予慢行進入廠區卸貨，須載物品出廠者亦同。

2. 車輛管理

⑴車輛進入時，需接受檢查及辦理入廠手續後，始准進入，並應停靠在指定位置。

⑵車輛出廠時，不論廠商或員工車輛均需停車接受檢查，若載有物品時，需憑「物品放行單」始准放行。沒有「物品放行單」則不准載運任何物品出廠（含私人物品）（詳如物品出入規定）。

⑶本廠車輛出廠時，需憑「派車單」（表 16-5-2）始准放行。

⑷守衛人員每天需將「派車單」送廠務課備查。

四、物品出入規定

1. 任何物品（包含成品、材料、廢料、員工私人物品、私工具等）出廠時均需辦理「物品放行單」後，始准憑單放行。

2. 警衛人員需仔細核對「物品出門證」（表 16-5-3）記載的物品，是否與實物相符。

3. 物品出門證由有關單位填寫後送廠長核准。

4. 工程包商、協力廠商及其它業務上往來之廠商或個人攜帶之工具、機器、物品等，應於進廠時先行登記，出廠時憑登記單核對無訛後出廠。

5. 物品進廠時，警衛人員需詳細檢查，如有危險品、易燃品、兇器等，禁止進廠並需報告上級處理。

6. 警衛人員每天需將「物品出門證」送廠務課備查。

五、識別證管理規定

1. 識別證分為三種：
⑴員工識別證（黃色）
⑵來賓識別證（紅色）
⑶協力廠商識別證（藍色）
2. 協力廠商識別證每年換證一次，且顏色不同。
3. 員工進出廠區應佩帶識別證，未帶者由守衛人員登記缺點一次，列入年終（年中）考核扣分。
4. 識別證應貼妥照片，由廠務課驗印後發給始得有效。
5. 識別證若遺失或破損時，應再辦理補發。
6. 識別證背面記載個人服務單位及職稱。
7. 識別證應妥善保存，調離職時並應交回。
8. 協力廠商識別證應由有關單位（採購或總務）辦理申請。並應記載廠商名稱，出入者姓名、照片、年齡、性別、身份證統一編號、住址、及電話等資料。
9. 協力廠商識別證有效期間一年，每年元月份全部換新，未換者

自動作廢。

六、員工車輛停車場管理規定

1. 本廠員工上班時,若以自用汽機車、腳踏車為交通工具時。均應事先向廠務課登記,以便安排車輛停放位置核准後再到車棚找停車場管理員安排車位號碼。

2. 各種車輛入廠時,應將車輛放在指定位置,不得任意停靠。

3. 停車場門禁開放時間如下:

⑴平時上班日上午 7:00~下午 18:00

⑵晚上加班時 20:00~22:00

⑶例假日加班時,開放時間同上兩項。

4. 停車場非開放時間時,禁止進出,以確保車輛安全。

5. 停車時,需將編號停車牌放置在車上,以便查核。

七、員工搭乘交通車管理規定

1. 交通車行駛路線及停靠地點

⑴甲線:

由士林經百齡橋→社子,經重慶北路→大同區公所,經台北橋→國園戲院→三重分局→新莊→板橋工廠

⑵乙線:

由台北車站希爾頓飯店經中山南路→台大醫院,經愛國西路→萬華,經華江橋→江子翠,經文化路→板橋前站→板橋工廠。

2. 本廠員工均可申請乘車證、附最近三個月內的二吋照片一張,

每月底向廠務課申請發給（但住廠內宿舍者不得申請）。

3. 申請乘車人員每月乘車日數未達 20 日以上者，則取消次月乘車資格，需停止一個月後，始再申請，全年有三次取消記錄時，則取消乘車資格 1 年。

4. 搭車員工互推車長 1 名，負責管理員工安全及檢查乘車證（表16-5-4）。

5. 無乘車證而擅自搭乘者，如因超載致被罰款或發生事故時，無證乘車者及車長應負全部責任，並視情節輕重另予處分。

6. 乘車時，應遵守秩序排隊上車，且不可在車內喧嘩吵鬧。

7. 乘車證不得私自轉借他人使用。

圖 16-5-1　公司員工識別證

```
┌─────────────────────────────┐
│        公司員工識別證         │
│  單位：_____            │
│                    ┌──────┐  │
│                    │ 貼   │  │
│                    │ 照   │  │
│  姓名：_____  │ 片   │  │
│                    └──────┘  │
│  職稱：_____            │
└─────────────────────────────┘
```

圖 16-5-2　來賓識別證 　 圖 16-5-3　協力廠商識別證

```
┌───────────────────┐   ┌─────────────────────────┐
│    來賓識別證      │   │      協力廠商識別證      │
│                   │   │                 ┌──────┐ │
│                   │   │  廠商名稱：____ │ 貼   │ │
│                   │   │                 │ 照   │ │
│   編號：_____  │   │  姓　　名：____ │ 片   │ │
│                   │   │  編　　號：____ └──────┘ │
└───────────────────┘   └─────────────────────────┘
```

表 16-5-1　會客登記單

年　月　日　時　分

來賓姓名		識別證號碼	
受訪者姓名		單位	
事由			
備註	（受訪者簽章）＿＿＿＿＿＿		

表 16-5-2　派車單

年　月　日

事由		單位	課　組
用車時間	自　年　月　日　時　分至　年　月　日　時　分返回		
車號		駕駛人	
備註	管理課登記		
部廠主管	課長	組長	申請人

表 16-5-3　物品出門證

年　月　日

物品名稱			數量	
攜出人姓名 （或廠商）			攜出時間	月　日時　分
攜出理由				
備註	管理課(守衛)登記：			
部廠主管		課長	組長	申請人　課＿＿＿＿　組＿＿＿＿

表 16-5-4　公司員工乘車證

姓名		單位	
路線		有效期限	年　月份
（蓋核發單位章）			貼照片

第 十 七 章

總務部門的交通管理

1 如何進行車輛使用管理

一輛好車，代表著一個人的品位，也代表著一個公司的形象。如何選擇適合公司的車輛，在購置車輛時應該注意那些問題以及如何進行車輛登記，同樣對提高公司形象非常重要。

一般來說，購車時應該考慮以下幾個問題：

現有車輛是公司的一筆既有財富。在買車前，要對車輛的利用率做一個具體分析，現有車輛的利用率是多大？是否已經物盡其用？現有車輛的利用率有沒有進一步提高的可能？如果不買新車，對於企業來說，車輛是否能夠滿足需要？假設購買新車，新車能夠提高工作效率多少個百分點？工作效率的提高帶來的效益能否折抵買車和保養所付出的成本。

買車的資金來自於那里？承受能力是多少？買車後能否順利上牌照？燃料供應是否有問題以及配件是否能夠輕易買到？這都要求在買車前考慮週到。不同的企業有不同的用車要求，選擇車輛時應該根據本企業的實際情況進行綜合考慮，如本企業所在地的氣候、道路、維修等情況。

在購置新車時，要按照合約規定和有關文件，按照車輛附帶的清單或者裝箱清單以及原廠說明書進行驗收，如果其中缺少某些零件或與合約不符，應該拒絕驗收。

在購進新車後，要對新車進行一次徹底地調試，例如，檢查、緊固、清洗、調整和潤滑等一系列的調試，保證車輛處於性能良好的狀態。在規定的保質期內，若出現屬於製造廠責任的損壞，應由車隊或修理廠做出初步分析，請有關單位做出技術鑑定，及時向製造廠申請索賠。一定要注意有效期問題，在新車購買後一定要對車輛進行徹底檢查，有問題及時解決，同時將賠償或處理情況記入車輛技術檔案裏。

總之，車輛管理是現代企業後勤領域的一項基礎內容，車輛的購買又是其中需要格外注意的。只有做好購買前的準備工作，防患於未然，才便於以後的使用和管理。

企業因業務的需要購進了車輛，如果沒有嚴格的使用管理制度，車輛的使用效益就難於發揮出來，因而有效調度至關重要。也就是說，要使車輛始終處於最佳運行狀態，發揮出最好的效益。車輛使用管理的方法有：

1. 車輛的啟用

新購買的車輛正式投入使用前需要辦理各種手續，如辦理牌照、領取通行證、繳納養路費等，只有這些手續都辦理齊全了車輛才能進入運營狀態。但是，上路前還需要根據說明書做一次徹底的檢修。在

上路後，嚴格執行磨合期的各項規定，做到限定時速、減少載重。在磨合期合理的使用有利於延長車輛的使用壽命。

2.車輛管理制度的確立

車輛管理制度的確立有利於車輛的合理調配。制度要按本單位的具體情況來制定。這裏僅列出一些共性的東西供企業借鑑。一般有四個問題需要注意：

⑴公司公務車的證照保管以及車輛的年審、保養等事務的管理問題。這些事務需要一個指定的機構去管理，可以是總經理辦公室、管理部或其他的什麼機構，但是不能沒有責任人。

⑵派車的管理制度。在這一問題上，一般遵循申請和依重要性依次派車的原則。當然，不申請者不派車。

⑶對司機資格的要求。根據具體需要做具體的規定，但駕駛證一定是必須的。

⑷車輛外借的管理。車輛作為公司的財產一般是不能外借的，但是有些情況確實需要外借。碰到這種情況，可以通過特定人許可的方式來操作。

還有一些很好的制度可以借鑑，只要適合本單位即可。

表 17-1-1　派車單的格式範例

使用部門			隨行人數	
起止地點及時間				
事由				
車號		行車里程		行車里數
管理部門	主管： 經辦人：		使用部門	主管： 使用人：

3.車輛的調度方法

車輛的調度,是指車隊負責人或專職調度人員根據本單位車輛使用管理規定和當天的用車計劃,包括乘車人數、次數、行車路線和急緩程度,有計劃地安排用車。調度車輛一般遵循堅持原則,合理科學,靈活機動的原則。

堅持原則是指按照制度辦事,不能為某些不合理的原因而破壞規章開綠燈。最常見的違規行為就是派關係車、人情車。合理科學是指,根據在長期的實踐中摸索出來的用車特點對車輛的使用進行科學的協調。靈活機動是指對於制度沒有明確規定需要用車的、緊急的,要從實際出發恰當處理。

調度工作的主要程序是:用車前要預約;做好派車計劃;對派車的計劃予以合理的實施。只有這樣才能提高效率,減少矛盾和誤會。總之,車輛的使用是一門學問,如何「以最少的投入獲得最大的效益」,同樣需要經理人在實踐中不斷總結和探索。

4.車輛使用管理辦法

⑴公務車輛包含交通車、貨車兩種。

⑵公務車輛由廠務課統一管理,指揮調度及保養維護。

⑶交通車平時除於上下班接送員工外,其餘時間供各單位執行公務的使用。

⑷貨車作為運送貨品至各地區營業所之用。

⑸各單位需使用公務車時,需於前一天填寫派車單,俾使廠務課有充裕的時間統一調派(臨時緊急任務除外)。

⑹油費申請:依實際里程數以每 8 公里折算 1 公升汽油計算。

表 17-1-2　汽油(柴油)用油申請單

單號：　　　　　　　　　　　　　　　　　　年　　月　　日

單位		車號				
課組		用途				
用油期間	使用 次數	里程表 公里數	行駛里數	請領 數量	核發 數量	領用人 簽章
起 年月日 止		上次　公里 本次　公里	公里 每行駛　公里 折合用油 1 公升			
油票領用記錄						
上次結存(公升)	上次使用(公升)		本次使用(公升)		本次結存(公升)	

廠長：　　　管理課登記：　　　課長：　　　組長：　　　領用人：

(7) 駕公務車出廠時需憑「派車單」，始能放行。

(8) 公務車聘請專任司機駕駛，並需隨時保持車輛之清潔及實施定期保養。

(9) 司機開車時須遵守交通規則，若違規遭罰款自行負責。

(10) 公務車不可作為私人用途。

(11) 例假日及下班時間，公務車停放在廠內，司機不可將車輛開回家中。

2 車輛的登記管理

車輛是企業重要的資產，如果管理不善，可能會導致損失或事故的發生，必須從購入、使用到報廢都要進行管理。

1. 製作車輛管理簿

在車輛管理的時候，首先必須製作車輛管理簿。這個如同設備管理簿，相當於車輛的診斷記錄，是車輛管理必不可少的。

車輛管理簿的形式，基本上和設備管理簿一樣，不同之處在於車輛上貼上「公共車輛登記號碼」，比起公司內的管理號碼更為重要。在實際管理中，要準備管理簿副本交給使用者，依此做檢查、修理記錄，並加以管理。

2. 車輛行駛登記表

車輛的每次派發行駛，都必須進行登記，以便查實。

3. 記載運行日記

為徹底實行車輛管理，行駛日記的記錄也成為管理上的重點。

行駛日記是由車輛駕駛人來記錄行駛的次數，此外在記錄後，向所屬主管提出接受檢核、指示，此時，有關行駛中的事故以及故障，應馬上記錄、報告，並遵守指示。

表 17-2-1　車輛管理簿

編號：　　年　月　日

車輛登記號碼	車輛名稱及型號	車輛製造號碼		購入日期
購入金額	供應商	供應商所在地及電話		

檢驗、修理日	檢驗修理的記錄	經辦人		折舊年度	折舊度	殘值價格	記賬
			折舊記錄欄				
				備註：			

表 17-2-2　車輛行駛登記表

車別			車號			加油狀況		備註
日期	使用人	起訖地點	開車時間	行駛時間	起訖總里程數	油別	加油（升）	

表 17-2-3　車輛行駛日記

行駛日期		星期	所屬單位		駕駛者姓名	確認
車輛登記號：		使用前：千米		加油量	加油費用	加油站
		使用後：千米				
車種：		本日行走：千米				
出發時間		目的地		到達時間		乘坐人員
時	分			時	分	

3　車輛管理與補助標準

第一條：本公司為使車輛的管理統一合理化，及有效使用各種車輛特定本辦法。

第二條：公務用車輛(包括甲乙種車輛)的車籍產權統由管理部總務單位負責列冊管理為原則。

第三條：公務用甲種車輛使用人，或駕駛人員應於規定日期，自行前往指定監理所受檢，如逾期未受檢驗致遭罰款處分者，其費用由使用人或駕駛人員自行負擔。

第四條：公務用各種車輛的附帶資料，除行車執照、保險卡由使用人攜帶外，其餘均由管理部總務單位保管(但營業場所遠離管理部

者得由各該單位保管），不得遺失。如該車移轉時應辦理車輛轉籍手續，並將該車各種資料隨車移轉。

第五條：駕駛人員的僱用、解僱、獎懲、調動等各項。均依本公司人事管理規則處理。

第六條：本公司因公使用的車輛，應檢具請購單依規定層呈核定辦理。

⑴本公司職員因職務上的需要，須經常外出執行業務者，得檢具請購單及車輛補貼款申請單（表 17-3-1）依本條第三項規定層呈辦理。

⑵依前項規定申購的業務用個人使用車輛，經層呈核准後送管理部採購單位辦理統一採購。

⑶因公個人使用之車輛，其最高車輛購置款、補助款、貸款等標準規定如表 17-3-2。

第七條：非業務用而擬個人使用的車輛，限組長級以上人員得無息貸款新台幣 10 萬元，並分 36 個月平均自薪給中無息扣還，但須經核准後辦理，其所有權應屬公司，俟貸款還清後始得過戶，凡依本條款貸款購車者，不得依本辦法第九條規定申請補助燃料費、修理費及其它補助款。

第八條：適用本辦法所購置之因公個人使用車輛，悉以實際購買新車（甲種車輛除外）並取得發票報支者為限。

第九條：凡依本辦法購置之因公個人使用之車輛，概得申請費用補貼款，其規定如下：

⑴車輛燃料油、維修費用補貼標準如表 17-3-3。

⑵其他補助款如表 17-3-4。

⑶依本條第一、二項標準補助金額，使用人應取具收據報銷。如

單據不足報銷時，其差額應併入各該使用人薪資所得辦理。

⑷如非公司名義，但因公個人購買使用甲、乙種車輛，比照本條款第一項甲、乙種車輛標準補貼燃料油、維修費，但不另支牌照稅、燃料費及行車執照費。

第十條：各單位所屬公務用汽車除因公購置而個人使用汽車外，應由各單位總務單位每月就其耗油量及行駛旅程記錄彙報單位主管查核一次，藉杜浪費。

第十一條：購置機車而由使用人自行負擔（貸款）部份，分 36 個月平均自薪給中無息扣還，俟扣清及期間三年屆滿，使用人得向公司申請所有權變更為已有，而可由使用人自行處理，並視其業務需要得依本辦法之規定再行申請購置新車使用（但因變更所有權所發生的有關稅金由使用人負擔）。

第十二條：依本辦法購置因公個人使用的車輛，可以隨時更換新車，但公司原負擔尚未折舊部份及使用人負擔尚未分期扣還部份應於換購車輛前一次繳還公司，其計算公式如下：

一次繳還公司金額＝原車購價（原價標準）× [（30－已扣還公司期數）] ÷ 36

第十三條：凡在分期扣還之款項未繳清以前，遇有下列情事時，均照下列各該規定辦理。

⑴使用人如遇調職者（未能適用本辦法者）仍得繼續分期繳還殘價，但應同時停發各項補貼款。

⑵使用人如遇離職、停職、撤職等情事時：

①使用人的分期扣還權利取消，並應將該車輛之殘價以現金一次繳還公司後，該車輛之所有權同時變更為使用人所有，其殘價之計算公式如下：

殘價＝原車購價（原價標準）× [（36－已扣還公司期數）] ÷ 36

②倘使用人未依前項規定承購時，公司得將該車收回代予拋售，經拋售之車款應優先清償其殘價，如不足清償該車殘價時，其不足金額由使用人一次以現金清償。

③依前第二項第一、二款辦理過戶時，其所發生之費用(含稅金)由使用人負擔。

第十四條：本公司車輛遺失、完全損壞或損壞程度已無修理價值時：

(1)倘系因執行業務時發生，應由總務單位填具資產報廢單，經單位主管證明並層呈核定後，依其殘價(損失額)由公司負擔，公司負擔損失部份應列為該單位之其他損失科目，並可依本辦法之規定再行申請購置新車使用，如該車失竊懸賞尋回者，其懸賞金亦得由公司負擔。

(2)倘系私用時發生，應由使用人負責購置同一年份或年份更新之同牌同排汽量之車輛賠償，如使用人未依上列規定購置車輛賠償時，應依其殘價以現金一次繳還公司。如失竊懸賞尋回，其懸賞金全部由使用人負擔。

第十五條：使用人如有意圖虛偽欺瞞或擅自當賣及借與第三人使用等情事時，除依法嚴辦外，應按殘價(損失)現金一次償還。

第十六條：各種車輛違反交通規則罰款概由使用人負擔(但業務用貨車因公超載不在此限)。

第十七條：各種車輛如在公務途中遇不可抗拒之車禍發生，除向附近員警機關報案外，並須即刻與該單位總務部門或主管聯絡，總務主管或單位主管除即刻派員前往處理外，並即通知保險公司辦理賠償手續。

第十八條：依本辦法因公購置的甲種車輛，一律應照車輛年份價值投保綜合損失險及保足意外責任險，其保險費應依實付收據由負

擔，乙種車輛的意外責任險依政府有關法令規定辦理，其保險費依實付收據負擔。

第十九條：因公個人使用車輛，概得申請油費補貼款（含燃料油、維修費用）。

第二十條：本辦法經呈准後實施，修改時亦同。

表 17-3-1　車輛補助款申請單

年　　月　　日

使用人	姓名		所屬單位	部　課			變更前	
	到期日期	年月日	職稱		職務範圍		變更後	
購車	種類	種	汽缸容量	cc	購車原因	新購	①前未購置 ②　月　日調整職階	
	廠牌	牌	牌照號碼			到期更車	前車期滿日： 年　月　日	
	車款價格	元	購置日期	年月日		未到期更　車	前車期滿日： 年　月　日	
	(1)貸款額	% 　元，前次貸款是否繳清：（是）（否）				燃料費	每月NT$ 元	
	(2)補助款	% 　元，未到期補助款／貸款是否繳清：（是）（否）				生效日期	年　月　日	
補助金額核定	簽核單位	總管理處	申請單位擬定					申請人
	簽核職稱	總經理	副總經理	協理	經理廠長	副理副廠長	課長主任	
	意見							
	簽章							

表 17-3-2　購置車輛補貼標準表

金額單位：新台幣/元

車輛	適用對象		汽缸容量限制	最高車款限額		最高補助款		最高貸款額		自備款額	
				金額	%	金額	%	金額	%	金額	%
甲種車輛	1.	副總經理	2800c.c	550000	100	110000	20	165000	30	275000	50
	2.	協理	2400c.c	500000	100	100000	20	150000	30	250000	50
	3.	經理級	2000c.c	450000	100	90000	20	135000	30	225000	50
	4.	副理級	1600c.c	400000	100	80000	20	120000	30	200000	50
	5.	課長級	1200c.c	300000	100	60000	20	90000	30	150000	50
乙種車輛	1.	副理級以上（含副理級）	150c.c.	55000	100	33.000	60	22.000	40		
	2.	課長級以下（含課長級）	100cc	30000	100	18000	60	12000	40		
說明	1. 上列因公個人使用之車輛，其使用期限定為三年，其最高貸款額分36個月平均自薪給中無息扣還公司。 2. 車輛購置款項如超過上列最高額時，由使用人自行負擔並於購車時一次付清。 3. 車輛購置款項如低於上列最高限額時，依實際價格並按規定比率辦理。 4. 甲種車輛無公開標價者（例如二手車）應由管理部勘價，乙種車輛則限購新車。 5. 憑證由購車人負責提供公司入賬。										

表 17-3-3　車輛燃料油、維護費補貼標準表

車輛種類	適用對象	每月補貼標準	說明
甲種	一、副理級以上（含副理級）	155公升	1. 以當月份每公升高級汽油單價核發代金支付。（若政府調整本項油價時，自調整日起依新單價核算）。
	二、課長級	110公升	2. 補貼金額包括燃料油、保養修理費，甲種車輛並包含檢驗費。
乙種	一、營業單位收款員	110公升	3. 課長級以上（含課長級）人員使用機車時，按乙種車輛補貼標準核付。
	二、營業單位外務員	95 公升	4. 因職務上需要須超過左列各項補助標準者，應填具車輛補貼款申請單呈核。
	三、貿易及各單位總務、採購等經常外出洽公人員	55 公升	5. 憑證應由申請本項補貼人員負責提供本公司入賬。
	四、工廠組長以上管理人員、各單位財稅賬務主辦人員	40 公升	
	五、其他適用本辦法使用機車之內務須外出洽公人員	25 公升	
附註	(1)凡擬支領上列各項補助款者，均須填具車輛補貼款申請單，經呈准後始得支領。 (2)使用人在公司補助有效期間內，如因職務更動，仍符合適用物件時，得依上列適當標準調整補貼金額，但仍須依前項規定辦理，如喪失適用資格時，應即停止補貼。		

表 17-3-4　其他補助款

車輛種類	補助項目	適用對象	最高汽缸容量限制	補助金額	說明
甲種	稅捐	副總經理協理級	2400cc	當年度應繳稅額×20%	1. 左列稅捐補貼款系職級別最高補助限額，如所購車輛低於限制汽缸容量，按實際汽缸容量補貼標準予以補助。
		經理級　副理級	1800cc	同上	
		課長級	1200cc	同上	
	保險費	汽車使用人	不限	當年度應繳保險費×20%	2. 稅捐補貼款包括牌照稅、燃料費及行照費。
乙種	稅捐	副理級以上（含副理級）	150cc	當年度應繳稅額	3. 當年度應繳保險費系依本辦法第十七條規定辦理投保後核算。
		課長級以下（含課長級）	100cc	同上	
	保險費	機車使用人	不限	當年度應繳保險費×40%	4. 雨衣以每年補貼一次為限。
	雨衣	使用人	同上	200元	5. 安全帽於購車時一次憑證補貼。
	安全帽	使用人	同上	250元	6. 憑證由申請補助人員負責提供本公司入賬。

4 汽機車貸款辦法

第一條：為謀員工福利及業務需要，以提高工作績效，特訂定本辦法。

第二條：貸款對象（限外勤人員）

⑴汽車：所長以上人員年資滿三年以上，且表現良好。

⑵機車：年滿一年以上且考績甲等者。

第三條：貸款額度

⑴汽車：200000 元。

⑵機車：36000 元。

第四條：還款方式：每月自該員工薪資中無息扣還，發年終獎金時加扣一次。

第五條：還款期限：汽車 36 期，機車 18 期。

第六條：向公司貸款所購車輛需為出廠兩年內的車輛，機車限新車廠牌、規格可自由選擇，但汽車排氣量不得超過 1600cc，機車不得超過 150cc。

第七條：車輛貸款者需繳驗證件如下：

⑴駕駛執照

⑵出廠證明

⑶行車執照

⑷保險卡

⑸讓渡書（中古車）

⑹發票

第八條：車輛貸款所購車輛的所有權均為本公司，至繳清貸款時則過戶給個人，過戶所需規費由公司負擔。

第九條：車輛的修護費、稅捐、保險費、定期檢驗、證照費、油資等概由使用人負擔。

第十條：車輛貸款以一次為限，換購車輛可另申請貸款但需繳清前次貸款未清餘額。

第十一條：車輛貸款應於離職或出售時，由貸款人將未繳清款項一次繳清，該車所有權人同時變更為使用人所有。

車輛失竊、損毀時，貸款人可按貸款期限繼續繳款至全部清償為止，離職時也應一次繳清。

第十二條：使用人未依規定承購時，公司將車子收回予以出售，出售款優先清償餘款，如不足清償時，由使用人賠償及向保證人索賠。

5 交通車輛事故的預防和處理

1. 車輛保險的處理

在車輛管理規則中要加入保險專案工作。

汽車的保險制度可以使駕駛人比較安心。保險附加業務在車輛管理中有其必要性，檢查投保內容、條件限制、賠償金額、保險日期、有效期間以及車輛事故處理等。

⑴在車輛購入時要加入保險，駕駛人員在行車時，一定要隨身攜帶此保險卡。

⑵有關保險金額，依汽車損害賠償責任保險法規的規定而定。

⑶一般汽車保險契約大致分為三種：車輛本身物的損害保險、對人賠償保險、對物賠償保險，其中對人賠償保險最重要。

2. 人身事故的處理

當有人身傷亡事故發生時，應迅速按以下要點進行處理：

⑴馬上聯絡救護車。救護車到達之時，將受傷者搬至安全場所，盡可能保持鎮靜。

⑵常常會有人將受傷者救於自己的車輛，切記絕對不要如此處理。

⑶救護車到達時，將受傷者安全送上車，並確認將到何處醫院（大多已取得聯絡），其後交給救護人員即可。

⑷聯絡救護車的同時也聯絡交警，交警到達後，實施現場的取

證，應全力配合其作業。

⑸員警人員取證作業完畢後，直接前往醫院，探望受傷者，並向受傷者詢問住址、電話，速向其家屬聯絡。

⑹同時也與保險公司聯絡。

⑺詳細記錄事故發生的情形。

以上是人身事故發生時當場處置的情形。但事故的輕重不同，其應對也不同。若有人身事故特別是有傷亡發生時，交由保險公司來處理較適合，但是最初要有誠意地探訪傷亡者，關於交涉則由保險公司直接向對方傳達。

3.財物損害的處理

依財務損害的情形來處理。

⑴事故發生後至員警到達現場前，盡可能保護事故現場。但若因事故現場狹窄，容易引起交通障礙而無法保護時，設法請現場第三者一同採錄現場模樣，詳細記錄並疏導車輛以便通行。

⑵用相機將事故現場拍照下來。

⑶儘快和員警・保險公司及被傷害者家屬聯絡。

⑷交警調查完畢後，和被告或被傷害者進行交涉。盡可能交由保險公司來處理。

4.車輛事故對策

車輛之間的接觸事故，作以下的處理：

⑴若有人員受傷，馬上安排救護車。同時也向交警聯絡，並作現場取證。

⑵若有相機則對現場拍照，而無相機時，應詳細記錄事故現場狀況。

⑶裁定交涉由保險公司負責。

(4)事故中的車輛若有違反交通法規的原因，而且此原因日後會左右判定，並影響裁定的結果。那麼，員警製作調查記錄時，應慎重地對答。

第 十 八 章

總務部門的秘書管理

1 對秘書的要求條件

　　秘書是輔助董事長及高級經營幹部能最有效地且符合目的地進行其職務者,同時公司高級經營幹部的上班時間不可能與一般職員一樣按時上下班。因此,對高級主管的秘書人員所要求的勤務條件自然與一般職員不同。

　　秘書也有上級秘書、中級秘書、初級秘書之分。說初級秘書也許有些不恰當,此一級的秘書人員的主要職務是以端茶、清掃、整理郵件、企業內電話的應對為中心工作,特別技能的要求程度少。但是到中級、上級則需具有相當高度的知識、能力及經驗。中級、上級的程度很難加以嚴格的區分。但是越是上級的越需要做經營者業務的實務輔佐工作。

　　經營者的任務在於安定從業人員的生活與利益的繼續獲得及貢

獻社會。為此，必須創造附加價值。產生不出附加價值時，經營者的
任務便告停滯或低迷。如何去創造附加價值就是經營者的職務。通
常，經營方針及經營計劃的策定、日常發生的經營課題的意思決定、
重要對外交涉的實施、會議的主持、情報的解析、各業務的協調、繼
承人的培養、商品產品力的強化、營業力的強化、資金力的強化、人
材的培養、組織的活性化、管理制度的合理化等都是其主要職務。擔
任上級秘書工作者，會深深地與上述這些經營者業務的實務發生關
係。

對秘書所要求的性格要件列舉如下。

- 能臨機應變　　　　・ 能以上司的立場作判斷
- 謹慎客氣　　　　　・ 情緒安定
- 坦率明朗　　　　　・ 細心週到
- 說話清楚　　　　　・ 嘴緊
- 有上進心　　　　　・ 有規範性
- 有責任感　　　　　・ 有積極性

1. 能臨機應變

經營有關的業務有突發的也有偶發的。其處置之巧拙有時會左右
公司的業績，特別是以董事長等最高決策者為最。例如重要的來客同
一時間來訪時的處置、董事長的座車因交通阻塞而無法於所定時間到
達對方約定地點時之處置、或趕不上火車或飛機、或由於交通工具故
障而未能按時出發時之處置。對此等事態採取對策使能完全遂行所期
的目的。如未能完全辦到時，要尋求次善的對策盡可能達成所預期之
目的。同時也要想到最壞的情況之處置方法。對於這種事態如果只能
想到一種方式的話，就無法採取適切的處置，於是就需要有能夠臨機
應變之能力了。因此，一定要在平時就對容易發生的情況描繪出有如

劇本之類的東西,在於遭遇到該種事態而有必要時,能很快抽出來應用。

2. 能以公司的立場作判斷

秘書雖然是要用自己的頭腦去思考,可是其根據不在於自己,而是要基於上司的立場、上司對事的想法去作判斷。例如,你再怎麼辛苦去下的判斷,如果是不符合上司之意者,其結果還是得零分。秘書的業務是所下決定的結果遠比其作決策的過程重要,就這一點來講,雖然秘書不是主管人員,可是與部門主管同樣負有結果主義的責任。

為了要能以上司的立場作判斷,秘書人員一定要平時就須對上司的想法以及方針有充分的瞭解。

3. 謹慎客氣

秘書的立場正如檢場的人。秘書要為上司的職務能順利營運而作準備工作,佈置環境,關心工作準備以及進行的方法。秘書終究不是董事長,秘書不能像董事長或其他經營者擔負責任,所以如果變成主角,則是已超出秘書的範圍,而是在擔當董事長或其他經營者的業務了。

因為秘書的立場如此,所以秘書必須是謹慎、客氣的。因為不只是在擔任經營者業務的戰略性輔佐工作而已,即使在作環境整備及行動輔佐時也一樣,在其他同事看來是很不可親近的職務。

4. 情緒要安定

越是上級的經營者,原則上,其職務對企業內外的影響越大,當然經營者的神經緊張度也越高。如果在決策者緊張、興奮時,秘書的情緒不安定,經營者的頭腦可能會更亂。像這樣不只是與經營者的心理狀況有關,就是在平時上班時,秘書突然不說話,或者有時侯一下子變得歡鬧起來,這樣上司也無法安靜工作。

5. 坦率明朗

經營者也是人，不一定發出的指示及命令都是正確的，有時候也會有錯誤。遇到這種情形，對上司的指示表示反抗或作激烈的反駁時，即使上司知道自己有錯誤，也很難下得了台。假使上司說「對不起，我弄錯了，指示撤回」，但對攻擊董事長的秘書在感情上也會留下不快感。秘書的坦率是使信賴感持續的重點。推銷話術有「是的，但是(yes, out)法」，即先坦率地聽對方的說詞，再用「但是」來說服對方的話術。秘書之所以要有坦率的態度，是因為這句「是的」會緩和對方的氣氛。要明朗，但不要喧鬧。

6. 細心週到

細心的相反是草率。草率意味著「大概的做法」。這樣的處置方法會發生大混亂、大損害。細心並不意味著不好的完美主義。不好的完美主義因為不會作大概的處置，不考慮經濟性效果，而容易在效率與效果方面產生損害。從這一點來講，細心不是指「大概主義」而是指將應該做的事完成得很齊全。經營者職務所需的用品或賬簿之類，能按照規定處理好，對工作效率大有影響。

7. 說話清楚

如果說話時口齒不清或尾音不好，則會使聽話的人一定要再問一次。何況到了多少有一點耳重的年齡之經營者來講，講話不清楚是很傷腦筋的事。說話太快、嘰嘰喳喳、慢吞吞及獨特的表現都要極力避免。同時，方言的使用方面，如果是在該地區已通俗化者則沒有關係，如果他地區的人聽不懂者，則不可以使用。

8. 嘴緊

經營者業務有些是關於公司決策的機密。預定的事項到真正決定，還會有多少變化都不得而知。這些事如果從秘書口中漏出去的

話，正常的公司業務就會產生營運困難。如果洩漏到外部去，甚至會
影響到公司的浮沉。秘書的嘴緊，應該成為公司內的常識。

9. 有上進心

對現在的工作自覺滿足，則會產生與經營者之間的鴻溝。企業是
活的，構成企業的人、物、錢也隨著事態的變化時時刻刻都在變，而
且這些人、物、錢的彼此間之纏繞也越形複雜，經營者的決策事項也
更為複雜、高度了。因此，經營者本身可能需要增廣見聞，加強研究
而提高經營技法。經營者有了這樣的變化，對於秘書所期待的內容當
然會與原來者不同。這時候，如果秘書還停留於原來的水準一定會產
生差距。

10. 有規範性

有規範性與其說是本人的性格，不如說是比較近於勤務態度。如
果對於規定的事項或規則都不能遵守，那秘書就失格了。規矩越到上
階層，對於細小的事可以說比下階層者其拘束為薄，可是相反地規範
性則會強。所謂規範指規則的範圍及界限而言，由此也具有範本、模
範的意義。對秘書所要求的即為此規範性。

11. 有責任感

責任感不只是秘書有需要，任何人都要有。通常說職務上有三種
東西是經常跟隨在一起的。其一是責任，另一是義務，而最後一項是
許可權。正如正三角形的三邊將職務圍在裏面一樣。責任
（Responsibility）是責務與任務的合字，是「職責」。義務
（Obligation）是必須達成與不可達成之事。許可權（Authority）為使
人服從之力。在秘書的情形來講，由於其上司是關於經營的決策人，
所以責任感更有需要。

12.有積極性

積極的相反詞是消極。對事態度消極的秘書,在擔任公司行動的援助者或輔佐者之任務時,會給對方增加負擔,這就是不利之點。但積極並不是指要多管閒事。對秘書所要求的是對複雜的事項及高度的事項,或需勞力的事要有自動去對付的態度。

2 秘書工作重點

秘書之上司有單獨一人者也有二人以上者。單獨一人者如董事長秘書之類的專任制。二人以上的上司則是董事長、總經理及常務董事等高級主管之兼任制而言。

大企業多採專任制,如董事長秘書、總經理秘書、常務董事秘書等都各有秘書。中小企業則稱秘書者多指董事長秘書而言,其他主管有秘書者較少,假定其他主管有秘書時也是由董事長秘書來兼任的形式者較多。

美國的秘書差不多都是專任制。秘書的上司發達時,其秘書的地位及薪資也會提高。因此也可以說是一種結合演出。但是提到應該採取兼任制或專任制的問題時,在中小企業來講的話,不論從間接人員效率化,以及把握其他主管所面臨的課題以謀求良好的溝通各方面來看,好像以採取兼任制為宜。

秘書究竟以附屬於那一組織單位最可以發揮工作效率?這還要看企業的實情如何而有不同。原則上可以說中小企業的情形以納入總

務部門為宜。這是因為配合秘書業務之繁閑及難易度，請其擔任其他職務也是很要緊的，同時秘書的勤惰管理也要有人來做較佳。

　　規模大的企業也有單獨設秘書課或秘書室者，此時秘書當然要由秘書課長或秘書室長來統轄。秘書一天中所做的業務大致如下（此處將秘書的上司概以董事長來表達）。

　　⑴董事長（即上司，以下均同此）的迎送聯絡
　　⑵董事長指示的處理
　　⑶文件及事情的傳達及處理
　　⑷發信及受信的整理及處理
　　⑸來客及電話的接待及傳達
　　⑹董事長的行動準備及安排
　　⑺董事長的私人事務
　　⑻文書的擬稿及記錄工作
　　⑼調查及情報的收集
　　⑽用品的購買
　　⑾董事長室的整理整頓

　　以上各項目是按一天中經營者的工作流程及秘書獨自可以進行的業務加以排列者。這些秘書業務可以大致分為下列四類。

　　⑴董事長的行動援助業務⋯⋯前面⑴及⑹項
　　⑵董事長的傳達業務⋯⋯前面⑵⑶⑸項
　　⑶企劃及事務處理業務⋯⋯前面⑷⑺⑻⑼⑽項
　　⑷董事長的工作環境整備業務⋯⋯前面⑾項

　　「董事長的行動援助業務」是使得董事長的行動能圓滑營運秘書所要照料的業務。

　　「董事長的傳達業務」是將董事長的指示或交代辦理事項傳達給

內外部的工作，以及將內外部的情報及其它有關事傳達給董事長的業務。此種業務如被疏忽隨便處理時，處於情報時代的今日，將會產生很大的影響。

「企劃及事務處理業務」是根據董事長的指示或自行對諸事項進行企劃擬案，輔佐董事長的業務，以及受信、發信的整理與文件管理等的業務。

「董事長的執務環境整備業務」是以室內的整理整頓為主，也要考慮董事長的興趣，製造使董事長執務效率最高的氣氛。

1. 董事長的迎送及聯絡

董事長到公司上班時原則上要到大門口（玄關）去迎接。因此，要由傳達或警衛人員於董事長到公司時報知秘書。將此做法定型化。規模較小的公司則在董事長室或董事長室前的該層樓的電梯口迎接董事長也可以。迎接董事長並不因為他是最高決策者，所以要向他表敬意（但大企業這種成分很大）。在中小企業董事長與員工的關係不是雲上人與庶民、平民的關係，而是父親與家人的關係。「爸爸辛苦了」「父親，今天又要讓你辛苦了」以這樣親愛之情來迎接的，同時秘書要檢查一下董事長的手提包之類的東西，確認之後提到董事長辦公室去。一定要很快地查看有沒有東西放在車內忘記拿出來，同時要看看董事長有沒有將今天一天要用的文件等有關東西都帶齊。人到了某一年齡之後，記憶力會減退，臨出門時明明想「今天要帶這些文件、物件」，可是真正出門時卻會忘掉。

迎接董事長時，要多注意今天董事長的身體情況。有沒有像感冒的樣子？有沒有很懶倦的樣子？步履如何？臉色怎樣？說話聲音如何？衣服有沒有亂？就是要緊接著昨天在一天開始時進行董事長的健康管理。

這些健康管理要與在自宅的董事長夫人合作來進行。有時，有的董事長是公司的事一切不要讓自宅的人知道。但依中小企業的情形，創業時董事長夫人多參與公司的工作，跟公司的秘書也是有親密關係者多。於此，秘書不要去干涉到董事長的私事，而是以「公之人」為了董事長之健康管理，必要跟董事長夫人合作。這個健康管理本身包括在秘書業務的「董事長的私人事務」中。迎送時，要很快地看出董事長的身體狀況乃是重點工作。

企業工作者，每一個人都在一天的開始時有「開始工作吧！」這樣的工作開端。例如，踏入大門時，坐上辦公桌時，或者接聽頭一個電話時。董事長的一天，希望是從秘書人員的明朗熱誠的「早安！」一句話開始，而一天的工作也在秘書的「非常辛苦了」這一句話終了。董事長也以「喔！今天一天終了，為了明天休息吧」這樣告一段落作為彼此改變氣氛的表示。

董事長上班時，要與有關人員聯絡通知董事長已經上班了。由此公司各關係部門的經營活動大大地開動起來，但是這種聯絡要預先報告董事長，並聽取董事長有無緊急處置之事，然後將公司內有何人何事要報告董事長或何事請求與董事長商量等報告董事長並作處置。這種頭一個行動有錯誤時，一天的節目進行就變成非常沒有效率，所以要切切注意。

2. 董事長指示的處置

從會不會接受董事長的指示，可以判斷一個秘書的有能與無能。企業內的生活是指示、命令、報告、聯絡、傳達等溝通的事佔很大的份量。而最高決策者的一日溝通活動是從對秘書的指示、命令開始的，例如像「請叫某某經理到我這裏來一下」。

秘書對接受命令的基本行動等當然都要熟知，並有付諸行動的能

力。但是在此之前，也必須知道董事長的脾氣。

董事長常有的脾氣

- 最初所說的事情，說到一半又會變成說別的事情。
- 話的說明不充分。
- 說話到中途想法改變，方針與計劃都沒有了。
- 習慣的將名字弄錯，本人則以為沒有錯而一直在講。
- 「啊，喔」這種詞多時，表示講話時想法未成熟。
- 最初時必定反對，結果是有條件的贊成。
- 經已決定的事，有事後再檢討的習慣。
- 用的是抽象的、感覺的表達，可是必定會要求有數字的因素為根據。
- 明明說「太忙了以後再談」，但是慢一點處理則會罵人。
- 明明照指示做了，也會說他沒有這樣講。
- 念錯特定的數字，漢字也會因小時候記錯的一直改不了。
- 用話講之前，一定先要寫成文書看看。
- 從各種現象中去求結論。
- 預先假設結論之後，再進入各種現象之分析。
- 先要求結論，問候的話及其它與本題無關者，一切省略。
- 思考事情時，香煙咬在嘴上，但不點火。
- 裝了電視，可是只是看著而已，實際上是在想事情。
- 在室內作打高爾夫球的樣子時，表示肩膀在酸疼。
- 整理書架時是在想調節調節。
- 腿在抖動的時候，表示考慮未能成熟而在焦急。

- 因為流汗，所以坐到辦公桌馬上就用濕毛巾擦手。
- 熱衷於一件事到忘我之時，會不斷擦眼鏡。

　　大企業的經營者當然也有脾氣，但是不會脫離經營行動的常識太多。因為從進入公司到坐上董事長的位子，生意上的事自不用說，關於指示、命令的方法，或說話的方法以及禮貌等方面，都透過實踐而精煉了的。

　　但是中小企業的董事長，極端地講，一開始就是董事長，沒有什麼基礎，雖然規模小，但是一開始就站在頂點，因此不會有人去提醒注意他，也沒有人會去指導他。所以總是以自我的方式去做事，也不會去回頭看看自己的行動作檢討。結果很多情形是一直保持別人難懂的脾氣。因此，身為秘書者，必須平日就要牢牢地抓住董事長的這些脾氣。

　　以上是常見的董事長脾氣的一部份，如不瞭解這些很難適切地處理你的問題獲得成果。

3. 文件及事情的傳達與處理

　　董事長須看的文件相當多。有關來信部份將在下一項來談，董事長須看的文件，大致可以區分為下列各項。

(1)會議記錄

(2)日報、月報等之報告書及統計類資料。

(3)契約書

(4)稟議書（方案書）

(5)計劃書

(6)估價單

(7)申報書、申請書、承認、提款、存款等文件。

(8)須董事長批准的有關發出的信件

(9)須要董事長閱覽的來信

(10)其他

以上各項，再細分可以有更多種類的文件。

秘書傳達及處理文件及事情，要先從熟知公司文書管理規定、禀議規定及報告的規則開始。通常各項規則的規定都彼此有關係。假使在其間互有抵觸時，以經營基本規則為最優先，其次為組織規則再次為業務營運規則的順序。在各區分內的規定有抵觸時，以最高決策者作為第一優先，順次下來去謀求各項規則的營運。這種結構，秘書一定要瞭解。關於文書方面，一定要知道公司內文書管理所規定的文書體系以及報告體系。

根據這些文書或報告的體系，處理董事長必須看的文件的體系化。其分類的例子就是前面所提到的(1)到(10)各項。這些分類還要加以細分的，一般是按照公司的組織單位來分類。例如，總務部、會計部、營業部、製造部、採購部等是。如果再按照這些部門內的部經理、課長等主管人員有關者及一般者的區別加以分類則更佳，而且這些分類要再加以區分為緊急及最急之分是要點。

以上所記述的，可以假想如卡片箱之類的整理箱，各箱最前面要放置擬抽出卡片的地方，留空間備放置緊急及最急的文件。另外也有很多人將實際上董事長須看的文件作這樣的整理，並作永久保存或即日廢棄的管理。

4. 發信及來信的整理及處理

通常公司發出的信件及來信的對象由總務部記錄留底，但是與董事長有關，雖然會產生雙重手續最好由秘書再作記錄。若秘書屬於總

務課且收發文簿的記錄及閱覽都容易時，就無此必要。

收文簿的內容是例如時間、受文者(不一定是董事長)、來文者、來文的類別(快信或掛號)、內容，都要記下，並且將如何處理也要寫下來。發文簿也是相同的。

收發文簿，對以後要查時很有用，同時，董事長及其它各部門之間也可以防止信件的交辦與沒有交辦的糾紛。另外，通常董事長看過的信件等，有時候也會傳閱各有關人員簽擬意見，因此，要注意其時間，以便必要時催辦及事前的聯絡。

來信處理時，如能照前面所講的文件處理一樣，作成體系化最好。首先可以分成業務有關的與私人關係者兩大類。業務有關者再作如下的區分：

(1)有無需要回信

(2)本公司的記錄有無必要訂正、修正

(3)有無保存或剪貼的必要

(4)有無必要傳閱有關部門

(5)有無必要呈董事長閱查

根據這些區分，將送來的信件加以整理。寄來信件種類繁多，有「報紙」、「雜誌」、「書籍」、「統計資料」、「講習班簡章」、「開張通知」、「新廈落成通知」、「地址變更通知」、「人事異動通知」、「股東大會開會通知」、「DM」、「客訴」、「要求捐款」及其它，真是不勝枚舉。

但是從這些郵件中，可以得到很多不同的情報。例如，從「講習班之簡章」等可以推測出當前經營者所關心的事。從百貨公司之購物指南可以看出什麼是暢銷商品，其價格定於什麼層次。更可以從數家百貨公司購貨指南之比較，瞭解各百貨公司之特徵。再將商業有關的報紙中之百貨公司情報重疊起來觀察，可以判明什麼樣的方法會成

功，什麼地方是不調和的。

那麼，「究竟有無必要回信」，這是必須由秘書來作判斷的。其中也有附回信用明信片要求回信的，DM 之中也有本公司或董事長並不需要的。所以不能以有沒有附回片來作決定。但是開會通知要求就出席與否作答並且定有回信之時日者，當然要按時作答，萬一有不得已的事不能按時回信，也要預先用電話聯絡道歉，或在回信的明信片上註明遲複的原因並致歉意。

又，受信的對方是組織單位時，受信者下面要加上「公啟」，如個人時加上「勳啟」、「台啟」等字以表示禮貌。

「本公司記錄有無必要訂正與修正」者，主要以跟董事長有過交際、交涉而有成果者之名片等之訂正及修正者為多。四月及決算終了之期，會有企業的人事異動或業務機構之改革。這種通知會寄給董事長，這些改動如不隨時作改正、修正，到後來堆積起來再整理就很費事。

名片要分成董事長關係的、高級主管關係的、課經理、課長關係的、以及一般職員關係的，集中一處管理作為本公司之情報來源。但是將各主辦人處的名片予以拿來的話，會影響其業務之處理，所以要複印之後，剪成名片一樣大小，整理到名片整理簿或「情報來源卷宗」內。

作這樣的整理之後，可以在銷售促進或顧客管理及其它各方面作有效的活用。很可惜的是做到這樣的名片管理者還不多見。名片的交換是業務上的行為，同時沒有比此有力的情報來源。如果全公司的名片管理不行的話，至少董事長的要作完全的管理。因為根據這些名片來寄賀年卡等，如果一直按舊的部門或職稱寄，只會暴露情報管理之不當而已。

　　「有無保存及剪貼之必要」乃是指收集新聞報紙、雜誌或廣告傳單及其它類似之文件中，認為必要作為本公司之情報源者。當然，刊載了本公司之消息者，要呈請董事長看過之後剪貼。給董事長閱覽時以全張報紙送呈董事長比剪貼之後再呈請董事長看為佳。因為刊登在報紙或雜誌的什麼版面什麼位置、多大，以及鄰接旁邊有什麼消息。從這些消息本身之外，還有可供判斷的材料之故。

　　這些剪貼的消息，必須像其他文書的整理法一樣，記明登載的報章雜誌之名稱、登載之時日等。再者，對其他關係企業及關連事項之保存剪貼也是一樣的做法。

　　「有無必要傳閱有關的部門」是要根據董事長之判斷來進行的，但是秘書自己也要看來信就能作出與董事長相同的判斷。同時，傳閱各有關部門時，一定要附上董事長的指示筆記及傳閱完畢會送還秘書之處的註記及備有蓋印欄。當然是寫上日期的。此時，日期是記傳閱的日期或是閱畢傳給下一有關人員之日期，則由各公司自己決定。一般是蓋上傳閱之日的日期印章，但是有時蓋上的日期會比實際傳閱的日期為早，此點要多加留意。

　　「有無必要呈給董事長閱」，要事前與董事長商量好，什麼樣的文件要送給董事長看，那一類文件在秘書手裏就可以毀棄。因為像前面所說的，百貨公司的特價通知有時候也可以成為寶貴的情報。

5. 來客及電話的接待與傳達

　　據說日本人對時間是很嚴格的。國鐵的開車時間，最近才有新幹線火車之遲到、晚點，可是準時開車、準時到站是世界有名的。又，像東京奧林匹克大運動會一切按照排定時間進行，也獲得全世界的好評。

　　但是，相反地，企業界作訪問時，有相當不考慮對方的時間之風

氣。像「剛好路過這裏，所以進來看看你」、「即使不在也沒有關係」這種想法。不像歐美人士不先「有約」是見不到人的這種想法很薄。

同時，突然被訪的這一邊也是「難得，難得來看我」這樣表示歡迎。即使馬上有會議要開始，或要去坐飛機的當兒也是一樣。這種事是好是壞暫且不去管它，現實上這種事常常發生，所以處理這種事很重要。而這種事的處理也是秘書職務之一。

因此，有客人來訪時，當然是要從查看有無事先約好開始。如果是已經約好的話，就應該說「非常歡迎，已經恭候多時了，請到這邊來」。「已經恭候多時了」，是秘書自己講的話，也是代將要見面的董事長表達心意，歡迎對方。

對突然來訪的客人不要馬上很清楚地告訴他董事長在公司。可以說「開會中」、「接客中」、「研習中」、「執筆中」、「外出中」等並問明來由，然後請示董事長判斷要不要見他並予以應付。如果在接待（傳達）室與客人接頭時，秘書可以作適當的處置，如果直接來到秘書的地方時，處置就需花一番工夫了。

秘書在應對來客時，說話、動作、表情等很重要。因為秘書處置之好壞關係到對方對董事長之評價。如果秘書被認為沒有教育、沒有禮貌、髒話不斷，則客人會連帶的判斷董事長一定沒有經營能力。

講話時，一定要多用尊敬語、謙虛語、有禮貌的話。

電話的傳達不要對對方有失禮的地方，要鄭重的應對。因此，要預先知道董事長的交友關係，工作關係等。對事情的重要度要能夠判斷。這是很有必要的。

6. 董事長的行動準備及安排

此項工作在秘書業務中是費時相當多的業務。接待、交涉或因業界及公會等會議而外出多的董事長，不想辦法安排內部業務之處理時

間，會因為董事長外出而使公司內部業務不能正常的營運。所以最好
與董事長商量好，原則上將董事長處理內部業務的時間定為幾點到幾
點的數小時之間，先作個決定，然後通知公司內的幹部。這樣的話，
幹部們可以知道在幾點與董事長商量事情，員工也安心。

那麼，董事長的行動之準備及安排首先要從董事長行動之日程化
開始。日程化就是要將董事長的行動以一天為單位來擬定。當然一天
要以時間單位來分割。要進行此日程化工作，須先將董事長的行動予
以體系化。①公司內部的例行工作；②出差之預定；③可以預定的外
出；④來客的預定以及先前所說的設置固定的內部業務處理時間。內
部業務處理時間有時也包括例行會議在內。原則上是閱覽日報、報告
書、聽說明或董事長自己思考經營方針及經營戰略的時間。

以這樣的基準，將董事長的行動列在日程表（長期計劃表、年計
劃表、半年期計劃表、月計劃表、日程表）。也就是節目表之編制。
在編此日程表時要時間與事項兼顧。假定早上八時有早餐會，九時與
幹部人員開朝會，十時開始要對新進人員作經營方針之說明……這樣
的節目。橫軸記時間，縱軸記項目。項目如按重要項目的順序排列的
話，當有突發事項發生而需要刪掉時，便馬上可以採取對策。

編成的這種日程表如果董事長及秘書各有一份最好。秘書所持有
的董事長日程表要記載有董事長需攜帶的資料或用具。

另外董事長的行動預定，在人員出入多的地方不要記得太具體較
好。還是以問秘書就可以清楚的作法，防止麻煩產生。

董事長的預定行動決定之後，要進行附帶的聯絡工作及安排，如
要安排飛機或火車、預定旅館、或會議場所、宴會場所的預定等。當
然有的時候不能光靠參考文獻或資料，還要實地去瞭解，也就是接下
來要詳細作成秘書自己的行動預定，而去實踐。

7.董事長的私人事務

　　公司員工是為了處理本來公司的業務而僱進來的,但是擔任秘書業務者也要參與董事長私人的事務。雖然說是私人事務並不是有關於董事長家庭的事(中小企業的時候,很難分得很清楚,原則上秘書是不去干預到董事長家庭內的事)。但是,不像業務員之與銷售業務的物或錢者的關係相同,秘書人員的業務是與董事長之人有關係的。因此在為了「公務」的範圍內,對董事長個人方面也有私人事務要處理。

　　這些事務指的是像有關董事長個人的金錢出納、健康管理(吃藥、作體操、休憩、吃飯等)、興趣與交友關係等的處置。

　　所謂董事長個人的金錢出納事通常是指公司費用之外的個人費用。至於董事長個人的存款儲蓄有關的事是由董事長夫人來處理的(有的董事長也將全部財產的運用及手續交給秘書處理的),但是例如人壽保險保險費的處理,或個人的興趣購買繪畫或陶瓷器的金錢出入等,是由個人費用來處理的。

　　再者,董事長室或董事長的廚櫃內要常備有襯衫、內衣、領帶、化妝用具等,以備臨時必須出差外宿之需。這種費用通常也是由董事長個人的費用來支應的。此種費用要預先準備一定額度的錢,用完時再向董事長報告、補充,採用這樣的辦法。

　　此時,要設董事長個人現金出納簿做正確的記賬,這是不用特別再提的,而且要定期請總務課長等上司檢閱。規模大的公司董事長或個人經費金額大的時候,要請董事長直接檢閱為宜。

　　有關健康管理方面,如董事長是抱病的,或一時必須服藥的狀態時,秘書要與董事長夫人緊密聯絡,留意服藥時間、種類及餘藥之數量等。又關於體操及休憩等要知道董事長的興趣配合作安排處理。如是正面法的健康管理必要有座的場所,廣播體操則可以不必。休憩則

要散步、要假睡都照董事長的興趣就可以。

此外,用餐、興趣方面也要注意多力去瞭解。

8. 文書的擬稿及記錄事務

「文書的擬稿及記錄事務」的大綱要以總務工作的文書管理事務為基礎。秘書根據董事長的口述作筆記,董事長的通令傳達、傳送給各有關部門的事務所佔份量較重。對外界以董事長名義為董事長代筆發信時,要瞭解對方的地位也要留意敬語的使用。

9. 調查及情報的收集

「調查及情報的收集」主要是董事長特別命令的事項居多。做有關內部事情等之調查時必須以事實為基礎。只要秘書奉命辦理調查的工作,就可以認定調查的對象已經受到監視了。因此,此種調查原則上不讓對方知道是在對其做調查,這是很重要的。

10. 用品的採購

「用品的採購」要配合董事長的興趣或嗜好辦理,所以還是要平時就關心董事長的話,以順應董事長的期待去採購是要點。

11. 董事長辦公室的整理整頓

「董事長室的整理整頓」要根據董事長的愛好及脾氣來做。有的董事長是將桌上整理得太多時工作很難進行。再者,作整理整頓時,要考慮到董事長身體的因素,對於照明、伸手所能到的位置、眼睛的高度、疲勞程度等也要多加關注。

第 十 九 章

總務部門的辦公室 5S 活動

1 針對辦公室文件的 5S 活動

「5S」是整理（Seiri）、整頓（Seiton）、清掃（Seiso）、清潔（Seikeetsu）、素養（Shitsuke）這五個詞的縮寫。因為這五個詞前五個日語的羅馬拼音第一個字母都是「S」，所以把它簡稱為「5S」，開展以整理、整頓、清掃、清潔、素養為內容的活動，稱為「5S」活動。

表 19-1-1　5S 的定義

中文	日文		一般解釋	精簡要義
整理	Seiri		清除	分開處理、進行組合
整頓	Seiton		整理	定量定位、進行處理
清掃	Seiso		清理	清理掃除、乾淨衛生
清潔	Seikeetsu		標準化	擦洗擦拭、標準規範
素養	Shitsuke		修養	提升素質、自強自律

　　辦公室推行 5S 活動中遇到的首要問題就是文件和單據過多。在某些公司內實施文件整理系統時發現一份文件和單據放在不同的文件夾裏的現象，尋找時很費時間。

1. 確定文件管理流程

　　許多企業的文件和單據由各個部門、各個從業人員保管，沒有一定的保管基準。執行 5S 則首先製作文件和單據的管理流程：保管→保存→廢棄。

　　保管就是將文件裝在文件夾裏，在工作場所的保管庫裏放置一定期間，超過一定期間就作廢棄處理，或者移往倉庫保存。

　　保存就是在倉庫裏永久放置或放置一定期間。除永久保存的文件外，其餘文件經過一定期間後就作廢棄處理。

2. 一個部門一套檔案

　　在 5S 實施前往往是這種情況：各個從業人員根據自己的需要進行保管，出現同一部門內的同一份文件和單據在多個從業人員處保管的現象。為了減少不必要的文件，應實施「一個部門一套文件」的文件保管方法，即一個部門只保管一套文件。由從業人員保管的文件全

部集中到一個地方，可以做到資源分享。

3. 抽屜的管理

許多辦公桌側面附有抽屜，抽屜中亂七八糟的文件、單據、書報等，私人物品、商品樣品和不合格樣本混雜其間。

(1) 抽屜的整理整頓

①不要的或不應該放在抽屜內的物品清除。

②抽屜內物品要分類；在抽屜外面要有標誌，讓人看一眼就知道裏面放的是什麼東西。

③辦公用品放置有序。

④常用的靠上層，不常用或個人用品放置在底層。

⑤有措施防止物品來回亂動。

(2) 拆掉辦公桌側面的抽屜

為了成功地推行文件管理體系，必須實現個人所保管的文件共用化。因此，可拆除辦公桌側面的抽屜。這樣做有兩個目的：

①有效地利用有限空間。

②文件的共用化。

4. 檔案的保管方式

一般來說，文件的保管方式有：都放在文件櫃裏保管，文件櫃不夠用時再購買。有些文件櫃有門，有些文件櫃沒有設門。實施 5S 後須重新確定文件的保管方式：

(1) 公開的文件管理體系

公開的文件管理體系是收管文件的文件櫃長期呈開啟狀態，什麼文件在什麼地方都一目了然。

(2) 非公開的文件管理體系

非公開的文件管理體系主要是對會計的相關文件和機密文件等

不能公開的文件管理，這些文件都放在加鎖的、不能隨便取閱的文件櫃裏。有些文件櫃的門是用玻璃做的，這是採取公開的文件管理體系的同時，出於保管管理的方便而設置的。

5. 統一紙張尺寸

事務用紙大體上採用 A4 尺寸的紙張，且公司對紙張的大小沒有特別的規定。一般是根據從業人員的方便決定紙張的大小。而實施 5S 後，應統一事務用紙、製圖用紙、信紙等的紙張尺寸。

(1)報告書、聯絡書、指示書等用 A4(210 毫米×297 毫米)紙。

(2)統計表、QC 工程圖、支付金額一覽表等用 B4(257 毫米×364 毫米)或 A3(297 毫米×420 毫米)。

(3)圖紙用系列紙(A0～A4)。

(4)複寫紙的紙張。

規定事務用紙用 A4 尺寸的複寫紙，表格用 B4 或 A3 尺寸的複寫紙，辦公室裏只準備這幾種尺寸的複寫紙，不準備其他複寫紙。

(5)信封的尺寸。

統一使用能裝進 A4 或 A5 紙張的信封。

6. 統一文件夾的形式

企業往往對文件夾的形式沒有特別的規定，各個從業人員根據不同場所選用自己感到較方便的文件夾。採購部根據各部門的購買要求向外訂購文件夾。5S 實施後須統一文件夾的形式。

文件夾的形式有：多頁軟文件夾、硬文件夾、單頁軟文件夾、懸掛文件夾。

硬文件夾直接放在文件櫃裏保管，單頁軟文件夾和懸掛文件夾放在文件盒裏再並排放在文件櫃裏。可確定採取某種文件夾使文件裝訂實現標準化。

7. 文件夾的整理方法

企業對文件夾的整理沒有特別的規定，各個從業人員會根據不同場所選用自己感到方便的方法。因而應決定各個部門的文件分類整理方法，如：

(1)按客戶分類。

(2)按一份文件分類。

(3)按主題分類。

(4)按形式分類。

(5)按標題分類。文件、記錄集中存放並用顏色斜線分類標記，而且在 30 秒中內能取用或存放。

8. 文件夾夾脊的標誌

多數企業對硬文件夾夾脊的標誌沒有特別的規定，各個從業人員根據不同場所，按自己方便的方式標註。實施 5S 後，則須製作標示專案和標示文字大小的標準書，發放給各個部門。各個部門預先規定使用顏色來加以區分。

(1)硬文件夾

①顏色區分標籤(市面上銷售的硬文件夾夾脊標籤紙有很多是按顏色分類的)。

②主題、時間。

③同一主題的硬文件夾編號。

④文件櫃編號。

(2)文件盒

①顏色區分標籤。

②大類別的主題。

③小類別的主題、期間。

④文件盒編號。

⑤分類記號、編號。

⑥文件櫃編號。

9. 文件的日期

許多企業的文件夾上沒有記載文件整理、整頓的日期。作為文件管理的一環，應該定期(每月或每週)對抽屜和文件櫃進行清理，分類清理出應保存的文件與應廢棄的文件。

(1)實施人員：該部門全體人員。

(2)時間：早會結束後 15 分鐘(如每週星期一)，或早會結束後 30 分鐘(如每月第二個星期二)。

(3)內容：自己的辦公桌，自己的負責區域。

2 針對辦公室空間的 5S 活動

幾乎所有辦公室都會有房間狹小、通道窄，以及放了文件櫃和櫥櫃，牆壁面無法使用等問題。針對這些問題，可以開展 5S 活動進行管理：

1. 拆掉各個辦公室之間的間壁(隔牆)

許多企業裏，總務部、財務部的辦公室區域與其他部門(生產管理、產品品質管理、採購)的辦公區域之間有間壁(隔牆)相隔。

若實施 5S，可拆掉間壁。這樣，就可以充分地利用辦公室的空間。另外，總務部、財務部與其他部門(生產管理、產品品質管制、

採購）之間的人際關係也可有所改善。

2. 辦公桌面的管理

(1)可長期放置的物品有：文件夾、電話機（傳真機、印表機）、電腦、筆筒、台曆、水杯。

(2)允許張貼一到兩張電話通訊錄或與工作有關的參考資料。

(3)文件夾要求有明確的標誌（如：待處理、處理中、已處理等）。

(4)要求全部物品必須做有定位線，定制線空間不可超過 0.3 釐米。

(5)敞開式辦公的桌面要求風格統一。

(6)抽屜標誌：長×寬：6 釐米×3.5 釐米；宋體、字型大小各區域統一；盡可能貼抽屜右上角；統一顏色為白底黑字材質建議為 A4 白紙。

3. 節約空間——共用辦公桌

辦公室裏的所有員工都一人用一張辦公桌，是許多企業裏常見的現象，其實主管包括主管及以上的人員保持不變，主管以下的員工則可幾人共用一張辦公桌，這樣做可節省空間。

電話可按照每 2～4 人一部電話的比例，在共用辦公桌上一律放 2～3 部電話，留較長的電話線，使電話能在辦公桌上自由移動。

辦公用具如圓珠筆、活動鉛筆、橡皮擦、塗改液、量具、文件傳達指南、記錄紙等全部裝在一個箱子（30 釐米×15 釐米×3 釐米）裏，放在共用辦公桌的中央位置。確定一名員工每天檢查箱子內的東西，如有缺損，及時補充。

4. 文件櫃的整理整頓

(1)重新認識保管文件的基準製作保管的基準，重新認識文件的保管。保管一定期間後就轉到倉庫保存。

(2)重疊放置文件櫃

改變以前文件櫃都一個一個地並排放在地板上的做法,而在一個文件櫃上重疊放上另一個文件櫃。這樣可節省出相當於一個文件櫃(約 50 釐米×180 釐米)的空間。

(3)縮短文件櫃的縱深

一般有以下幾種縱深的文件櫃。最適合公司使用的文件櫃的縱深依次如下所示:400 毫米 515 毫米其他三角架也可作同樣的改善。經過這樣的改善之後,可節省出相當於原來文件櫃、三角架的縱深與改善後文件櫃、三角架的縱深之差的空間。

(4)增加文件櫃的層數

增加文件櫃、三角架的層數,使文件櫃、三角架各層放置層的高度與物品的高度一致。經過這樣的改善之後,使文件櫃和三角架上沒有浪費多餘空間。

(5)把文件櫃搬到走廊上

將各個部門的書籍、雜誌等收集起來,可在辦公室之間的走廊上設置書架,將收集起來的書籍、雜誌放在書架上。除經常使用的詞典、便條之外,辦公室裏一般不放書籍和雜誌。

5.設置暫時放置場所

以往樣品、產品、材料等暫時放在辦公桌的旁邊,因此,空間變得很狹窄,有時甚至放在經常開關的門前和隨時可能使用的消火栓前面。這可通過設置暫時放置物品的三角架,將樣品、產品和材料等暫時放置的東西放在三角架上。禁止在門前和消火栓前放置任何物品。

6.儲物櫃的管理

(1)儲物櫃內整理、標誌、用分隔膠條和標貼分區。

(2)儲物櫃門要有標誌,同一區域的標誌風格必須統一。

(3)公用的儲物櫃要有管理責任者、明確並標誌。

7. 設置雨傘放置場所

晴天時將雨傘架子放在辦公室的階梯下面,在下雨天的早上總務部把雨傘架子搬出來。白天看起來要下雨的那天,則在斷定要下雨之時將雨傘架子搬出來。也可製作一個專門的封閉型雨傘筒,雨傘滴的水不會漏到地上浸濕地面。

8. 公共區域管理

(1)地面、角落清掃乾淨無積塵(徒手抹過無灰塵)、紙屑;天花板無蜘蛛網。

(2)牆壁無手腳印、無亂塗亂畫、亂張貼。

(3)窗台、窗簾乾淨無塵(徒手抹過無灰塵)。

(4)各公共設施、設備如:桌椅、台櫃、印表機、影印機、傳真機等,無積塵。

(5)所有體積較小易移動且須長期固定放置的物品要有定位線及定位標誌。

(6)物品擺放整齊、標誌到位並有明確的負責人。

3 針對辦公用品的 5S 活動

1. 辦公桌內文具的整理、整頓

許多企業員工辦公桌的抽屜裏放滿了各色文具，一應俱全。有些企業新員工進公司的時候可以領到筆、墨、橡皮擦、塗改液、迴紋針、裁刀、釘書機、打孔器、各色本子、公文紙等 20 多種。要解決個人辦公桌內用品過多、使用過程中浪費大的問題，做好辦公桌內文具的整理、整頓工作是關鍵。具體方法為：

(1)制定部門及個人的持有標準

決定部門(部、科、班組等)和員工個人可以持有的物件和數量，避免不必要的重覆持有(多層持有)，用完了之後才可以進行補充。

(2)清點多餘的辦公用品

對照標準，清點所有的辦公用品，將那些不用的或不常用的物品集中回收到部門辦公用品管理員處或公司倉庫。將每天工作中經常用到的常用辦公用品留下來，或作為個人持有，或作為部門或班組公用。

以下為某企業職員的一套文具：

表 19-3-1　一套文具示例

項目	內容	數量/單位	項目	內容	數量/單位
1	簽字筆(黑色)	1 隻	9	裁紙刀	1 把
2	簽字筆(紅色)	1 隻	10	透明膠紙	1 卷
3	鉛筆	1 隻	11	標籤紙	1 張
4	塗改液	1 瓶	12	計算器	1 個
5	30cm 直尺	1 把	13	筆刨	1 個
6	釘書機	1 個	14	橡皮擦	1 塊
7	訂書釘	1 盒	15	筆記本	1 個
8	剪刀	1 把			

⑶決定辦公用品的擺放

決定好辦公用品的合理擺放方法，如：形跡定位管理，文具桌面擺放視覺化等。

2. 辦公用品減少活動

要減少辦公用品的用量，節省經費，需做細緻的改善工作。

⑴盡可能減少個人持有量

根據各個部門工作特點決定滿足工作所需最少的辦公用品持有量，通常一個人常用的辦公用品只有幾種，如：鉛筆、黑色簽字筆、紅色的標記筆、筆記本，負責文件處理的人可以外加一個小釘書機，經常進行運算的員工可以外加一個小計算器。

⑵盡可能讓辦公用品發揮最大的功效

一些使用頻率較低的物品可以變成部門或小組公用的物品。如，打孔器、剪刀、尺子、釘書機、計算器等都是可以確定為部門或小組

公用。可把這些共用物品放置在一個轉盤上，以便大家拿取。

⑶最大限度地減少辦公用品的品種

非必需的辦公用品是多餘的，可以不用或不買，如，筆筒、雙層文件盒等。

⑷最大限度地減少辦公用品庫存

①全企業實現辦公用品統一管理。取消各部門的辦公用品庫存，需要時統一到企業有關管理部門領取。

②實行辦公用品預算管理制度。每個年度各部門提出辦公用品預算申請(與企業內的預算制度同步進行)，經有關部門認可後可執行。在執行過程中，部門負責人對部門辦公用品的使用情況進行自主監督管理。

③供應商即時供貨方式。即請求供應商在交貨時間和供給方法上給予改善和合作，以減少庫存量。

臺灣的核心競爭力，就在這裏！

1. 傳播書香社會，直接向本出版社購買，一律 9 折優惠，郵遞費用由本公司負擔。服務電話 (02) 27622241　(03) 9310960　　傳真 (03) 9310961
2. 付款方式：請將書款轉帳到我公司下列的銀行帳戶。
   · 銀行名稱：合作金庫銀行（敦南分行）　帳號：**5034-717-347447**
   公司名稱：憲業企管顧問有限公司
   · 郵局劃撥號碼：**18410591**　郵局劃撥戶名：憲業企管顧問公司
3. 圖書出版資料每週隨時更新，請見網站 www.**bookstore99**.com

經營顧問叢書

25	王永慶的經營管理	360 元
47	營業部門推銷技巧	390 元
52	堅持一定成功	360 元
56	對準目標	360 元
60	寶潔品牌操作手冊	360 元
72	傳銷致富	360 元
78	財務經理手冊	360 元
79	財務診斷技巧	360 元
86	企劃管理制度化	360 元
91	汽車販賣技巧大公開	360 元
97	企業收款管理	360 元
100	幹部決定執行力	360 元

122	熱愛工作	360 元
125	部門經營計劃工作	360 元
129	邁克爾·波特的戰略智慧	360 元
130	如何制定企業經營戰略	360 元
135	成敗關鍵的談判技巧	360 元
137	生產部門、行銷部門績效考核手冊	360 元
139	行銷機能診斷	360 元
140	企業如何節流	360 元
141	責任	360 元
142	企業接棒人	360 元
144	企業的外包操作管理	360 元

272	主管必備的授權技巧	360 元
275	主管如何激勵部屬	360 元
276	輕鬆擁有幽默口才	360 元
278	面試主考官工作實務	360 元
279	總經理重點工作（增訂二版）	360 元
282	如何提高市場佔有率（增訂二版）	360 元
283	財務部流程規範化管理（增訂二版）	360 元
284	時間管理手冊	360 元
285	人事經理操作手冊（增訂二版）	360 元
286	贏得競爭優勢的模仿戰略	360 元
287	電話推銷培訓教材（增訂三版）	360 元
288	贏在細節管理（增訂二版）	360 元
289	企業識別系統 CIS（增訂二版）	360 元
290	部門主管手冊（增訂五版）	360 元
291	財務查帳技巧（增訂二版）	360 元
293	業務員疑難雜症與對策（增訂二版）	360 元
295	哈佛領導力課程	360 元
296	如何診斷企業財務狀況	360 元
297	營業部轄區管理規範工具書	360 元
298	售後服務手冊	360 元
299	業績倍增的銷售技巧	400 元
300	行政部流程規範化管理（增訂二版）	400 元
302	行銷部流程規範化管理（增訂二版）	400 元
304	生產部流程規範化管理（增訂二版）	400 元
305	績效考核手冊(增訂二版)	400 元
307	招聘作業規範手冊	420 元
308	喬·吉拉德銷售智慧	400 元
309	商品鋪貨規範工具書	400 元
310	企業併購案例精華（增訂二版）	420 元
311	客戶抱怨手冊	400 元

312	如何撰寫職位說明書（增訂二版）	400 元
314	客戶拒絕就是銷售成功的開始	400 元
315	如何選人、育人、用人、留人、辭人	400 元
316	危機管理案例精華	400 元
317	節約的都是利潤	400 元
318	企業盈利模式	400 元
319	應收帳款的管理與催收	420 元
320	總經理手冊	420 元
321	新產品銷售一定成功	420 元
322	銷售獎勵辦法	420 元
323	財務主管工作手冊	420 元
324	降低人力成本	420 元
325	企業如何制度化	420 元
326	終端零售店管理手冊	420 元
327	客戶管理應用技巧	420 元
328	如何撰寫商業計畫書（增訂二版）	420 元
329	利潤中心制度運作技巧	420 元
330	企業要注重現金流	420 元
331	經銷商管理實務	450 元
332	內部控制規範手冊（增訂二版）	420 元
333	人力資源部流程規範化管理（增訂五版）	420 元
334	各部門年度計劃工作（增訂三版）	420 元
335	人力資源部官司案件大公開	420 元
336	高效率的會議技巧	420 元
337	企業經營計劃〈增訂三版〉	420 元
338	商業簡報技巧（增訂二版）	420 元
339	企業診斷實務	450 元
340	總務部門重點工作（增訂四版）	450 元

《商店叢書》

18	店員推銷技巧	360 元
30	特許連鎖業經營技巧	360 元
35	商店標準操作流程	360 元
36	商店導購口才專業培訓	360 元

37	速食店操作手冊〈增訂二版〉	360 元
38	網路商店創業手冊〈增訂二版〉	360 元
40	商店診斷實務	360 元
41	店鋪商品管理手冊	360 元
42	店員操作手冊（增訂三版）	360 元
44	店長如何提升業績〈增訂二版〉	360 元
45	向肯德基學習連鎖經營〈增訂二版〉	360 元
47	賣場如何經營會員制俱樂部	360 元
48	賣場銷量神奇交叉分析	360 元
49	商場促銷法寶	360 元
53	餐飲業工作規範	360 元
54	有效的店員銷售技巧	360 元
55	如何開創連鎖體系〈增訂三版〉	360 元
56	開一家穩賺不賠的網路商店	360 元
58	商鋪業績提升技巧	360 元
59	店員工作規範（增訂二版）	400 元
61	架設強大的連鎖總部	400 元
62	餐飲業經營技巧	400 元
64	賣場管理督導手冊	420 元
65	連鎖店督導師手冊（增訂二版）	420 元
67	店長數據化管理技巧	420 元
68	開店創業手冊〈增訂四版〉	420 元
69	連鎖業商品開發與物流配送	420 元
70	連鎖業加盟招商與培訓作法	420 元
71	金牌店員內部培訓手冊	420 元
72	如何撰寫連鎖業營運手冊〈增訂三版〉	420 元
73	店長操作手冊（增訂七版）	420 元
74	連鎖企業如何取得投資公司注入資金	420 元
75	特許連鎖業加盟合約（增訂二版）	420 元
76	實體商店如何提昇業績	420 元
77	連鎖店操作手冊（增訂六版）	420 元
78	快速架設連鎖加盟帝國	450 元

79	連鎖業開店複製流程（增訂二版）	450 元

《工廠叢書》

15	工廠設備維護手冊	380 元
16	品管圈活動指南	380 元
17	品管圈推動實務	380 元
20	如何推動提案制度	380 元
24	六西格瑪管理手冊	380 元
30	生產績效診斷與評估	380 元
32	如何藉助 IE 提升業績	380 元
46	降低生產成本	380 元
47	物流配送績效管理	380 元
51	透視流程改善技巧	380 元
55	企業標準化的創建與推動	380 元
56	精細化生產管理	380 元
57	品質管制手法〈增訂二版〉	380 元
58	如何改善生產績效〈增訂二版〉	380 元
68	打造一流的生產作業廠區	380 元
70	如何控制不良品〈增訂二版〉	380 元
71	全面消除生產浪費	380 元
72	現場工程改善應用手冊	380 元
77	確保新產品開發成功（增訂四版）	380 元
79	6S 管理運作技巧	380 元
84	供應商管理手冊	380 元
85	採購管理工作細則〈增訂二版〉	380 元
88	豐田現場管理技巧	380 元
89	生產現場管理實戰案例〈增訂三版〉	380 元
92	生產主管操作手冊(增訂五版)	420 元
93	機器設備維護管理工具書	420 元
94	如何解決工廠問題	420 元
96	生產訂單運作方式與變更管理	420 元
97	商品管理流程控制(增訂四版)	420 元
101	如何預防採購舞弊	420 元
102	生產主管工作技巧	420 元
103	工廠管理標準作業流程〈增訂三版〉	420 元

105	生產計劃的規劃與執行（增訂二版）	420 元
107	如何推動 5S 管理（增訂六版）	420 元
108	物料管理控制實務〈增訂三版〉	420 元
109	部門績效考核的量化管理（增訂七版）	420 元
110	如何管理倉庫〈增訂九版〉	420 元
111	品管部操作規範	420 元
112	採購管理實務〈增訂八版〉	420 元
113	企業如何實施目視管理	420 元
114	如何診斷企業生產狀況	420 元
115	採購談判與議價技巧〈增訂四版〉	450 元

《醫學保健叢書》

1	9 週加強免疫能力	320 元
3	如何克服失眠	320 元
5	減肥瘦身一定成功	360 元
6	輕鬆懷孕手冊	360 元
7	育兒保健手冊	360 元
8	輕鬆坐月子	360 元
11	排毒養生方法	360 元
13	排除體內毒素	360 元
14	排除便秘困擾	360 元
15	維生素保健全書	360 元
16	腎臟病患者的治療與保健	360 元
17	肝病患者的治療與保健	360 元
18	糖尿病患者的治療與保健	360 元
19	高血壓患者的治療與保健	360 元
22	給老爸老媽的保健全書	360 元
23	如何降低高血壓	360 元
24	如何治療糖尿病	360 元
25	如何降低膽固醇	360 元
26	人體器官使用說明書	360 元
27	這樣喝水最健康	360 元
28	輕鬆排毒方法	360 元
29	中醫養生手冊	360 元
30	孕婦手冊	360 元
31	育兒手冊	360 元
32	幾千年的中醫養生方法	360 元

34	糖尿病治療全書	360 元
35	活到 120 歲的飲食方法	360 元
36	7 天克服便秘	360 元
37	為長壽做準備	360 元
39	拒絕三高有方法	360 元
40	一定要懷孕	360 元
41	提高免疫力可抵抗癌症	360 元
42	生男生女有技巧〈增訂三版〉	360 元

《培訓叢書》

11	培訓師的現場培訓技巧	360 元
12	培訓師的演講技巧	360 元
15	戶外培訓活動實施技巧	360 元
17	針對部門主管的培訓遊戲	360 元
21	培訓部門經理操作手冊（增訂三版）	360 元
23	培訓部門流程規範化管理	360 元
24	領導技巧培訓遊戲	360 元
26	提升服務品質培訓遊戲	360 元
27	執行能力培訓遊戲	360 元
28	企業如何培訓內部講師	360 元
31	激勵員工培訓遊戲	420 元
32	企業培訓活動的破冰遊戲（增訂二版）	420 元
33	解決問題能力培訓遊戲	420 元
34	情商管理培訓遊戲	420 元
35	企業培訓遊戲大全（增訂四版）	420 元
36	銷售部門培訓遊戲綜合本	420 元
37	溝通能力培訓遊戲	420 元
38	如何建立內部培訓體系	420 元
39	團隊合作培訓遊戲（增訂四版）	420 元
40	培訓師手冊（增訂六版）	420 元

《傳銷叢書》

4	傳銷致富	360 元
5	傳銷培訓課程	360 元
10	頂尖傳銷術	360 元
12	現在輪到你成功	350 元
13	鑽石傳銷商培訓手冊	350 元
14	傳銷皇帝的激勵技巧	360 元
15	傳銷皇帝的溝通技巧	360 元
19	傳銷分享會運作範例	360 元

20	傳銷成功技巧（增訂五版）	400 元
21	傳銷領袖（增訂二版）	400 元
22	傳銷話術	400 元
23	如何傳銷邀約	400 元

《幼兒培育叢書》

1	如何培育傑出子女	360 元
2	培育財富子女	360 元
3	如何激發孩子的學習潛能	360 元
4	鼓勵孩子	360 元
5	別溺愛孩子	360 元
6	孩子考第一名	360 元
7	父母要如何與孩子溝通	360 元
8	父母要如何培養孩子的好習慣	360 元
9	父母要如何激發孩子學習潛能	360 元
10	如何讓孩子變得堅強自信	360 元

《成功叢書》

1	猶太富翁經商智慧	360 元
2	致富鑽石法則	360 元
3	發現財富密碼	360 元

《企業傳記叢書》

1	零售巨人沃爾瑪	360 元
2	大型企業失敗啟示錄	360 元
3	企業併購始祖洛克菲勒	360 元
4	透視戴爾經營技巧	360 元
5	亞馬遜網路書店傳奇	360 元
6	動物智慧的企業競爭啟示	320 元
7	CEO 拯救企業	360 元
8	世界首富　宜家王國	360 元
9	航空巨人波音傳奇	360 元
10	傳媒併購大亨	360 元

《智慧叢書》

1	禪的智慧	360 元
2	生活禪	360 元
3	易經的智慧	360 元
4	禪的管理大智慧	360 元
5	改變命運的人生智慧	360 元
6	如何吸取中庸智慧	360 元
7	如何吸取老子智慧	360 元
8	如何吸取易經智慧	360 元
9	經濟大崩潰	360 元

10	有趣的生活經濟學	360 元
11	低調才是大智慧	360 元

《DIY 叢書》

1	居家節約竅門 DIY	360 元
2	愛護汽車 DIY	360 元
3	現代居家風水 DIY	360 元
4	居家收納整理 DIY	360 元
5	廚房竅門 DIY	360 元
6	家庭裝修 DIY	360 元
7	省油大作戰	360 元

《財務管理叢書》

1	如何編制部門年度預算	360 元
2	財務查帳技巧	360 元
3	財務經理手冊	360 元
4	財務診斷技巧	360 元
5	內部控制實務	360 元
6	財務管理制度化	360 元
8	財務部流程規範化管理	360 元
9	如何推動利潤中心制度	360 元

為方便讀者選購,本公司將一部分上述圖書又加以專門分類如下:

《主管叢書》

1	部門主管手冊（增訂五版）	360 元
2	總經理手冊	420 元
4	生產主管操作手冊（增訂五版）	420 元
5	店長操作手冊（增訂六版）	420 元
6	財務經理手冊	360 元
7	人事經理操作手冊	360 元
8	行銷總監工作指引	360 元
9	行銷總監實戰案例	360 元

《總經理叢書》

1	總經理如何經營公司(增訂二版)	360 元
2	總經理如何管理公司	360 元
3	總經理如何領導成功團隊	360 元
4	總經理如何熟悉財務控制	360 元
5	總經理如何靈活調動資金	360 元
6	總經理手冊	420 元

《人事管理叢書》

1	人事經理操作手冊	360 元

2	員工招聘操作手冊	360 元
3	員工招聘性向測試方法	360 元
5	總務部門重點工作（增訂三版）	400 元
6	如何識別人才	360 元
7	如何處理員工離職問題	360 元
8	人力資源部流程規範化管理（增訂四版）	420 元
9	面試主考官工作實務	360 元
10	主管如何激勵部屬	360 元
11	主管必備的授權技巧	360 元
12	部門主管手冊（增訂五版）	360 元

《理財叢書》

1	巴菲特股票投資忠告	360 元
2	受益一生的投資理財	360 元
3	終身理財計劃	360 元
4	如何投資黃金	360 元
5	巴菲特投資必贏技巧	360 元

6	投資基金賺錢方法	360 元
7	索羅斯的基金投資必贏忠告	360 元
8	巴菲特為何投資比亞迪	360 元

《網路行銷叢書》

1	網路商店創業手冊〈增訂二版〉	360 元
2	網路商店管理手冊	360 元
3	網路行銷技巧	360 元
4	商業網站成功密碼	360 元
5	電子郵件成功技巧	360 元
6	搜索引擎行銷	360 元

《企業計劃叢書》

1	企業經營計劃〈增訂二版〉	360 元
2	各部門年度計劃工作	360 元
3	各部門編制預算工作	360 元
4	經營分析	360 元
5	企業戰略執行手冊	360 元

請保留此圖書目錄：

　　　　未來在長遠的工作上，此圖書目錄

可能會對您有幫助！！

在海外出差的………
台灣上班族

愈來愈多的台灣上班族，到大陸工作(或出差)，對工作的努力與敬業，是台灣上班族的核心競爭力；一個明顯的例子，返台休假期間，台灣上班族都會抽空再買書，設法充實自身專業能力。

[憲業企管顧問公司]以專業立場，為企業界提供最專業的各種經營管理類圖書。

85%的台灣上班族都曾經有過購買(或閱讀)[憲業企管顧問公司]所出版的各種企管圖書。

尤其是在競爭激烈或經濟不景氣時，更要加強投資在自己的專業能力，建議你：

工作之餘要多看書，加強競爭力。

建立企業圖書館

當市場競爭激烈時：

培訓員工，強化員工競爭力
是企業最佳對策

「人才」是企業最大的財富。如何提升人才，是企業永續經營、戰勝對手的核心競爭力。積極培訓公司內部員工，是經濟不景氣時期的最佳戰略，而最快速的具體作法，就是「建立企業內部圖書館，鼓勵員工多閱讀、多進修專業書籍」

建議您：請一次購足本公司所出版各種經營管理類圖書，作為貴公司內部員工培訓圖書。 使用率高的（例如「贏在細節管理」），準備 3 本；使用率低的（例如「工廠設備維護手冊」），只買 1 本。

給總經理的話

　　總經理公事繁忙，還要設法擠出時間，赴外上課進修學習，努力不懈，力爭上游。

　　總經理拚命充電，但是員工呢？

　　公司的執行仍然要靠員工，為什麼不要讓員工一起進修學習呢？

　　買幾本好書，交待員工一起讀書，或是買好書送給員工當禮品。簡單、立刻可行，多好的事！

經營顧問叢書 ㉞⁰　　　　　　售價：450 元

總務部門重點工作（增訂四版）

西元二〇二一年四月	增訂四版一刷
西元二〇一八年九月	三版二刷
西元二〇一五年九月	三版一刷

編著：蕭祥榮

策劃：麥可國際出版有限公司（新加坡）

編輯：蕭玲

封面設計：宇軒設計工作室

校對：劉飛娟

發行人：黃憲仁

發行所：憲業企管顧問有限公司

電話：(02) 2762-2241　　(03) 9310960　　0930872873

電子郵件聯絡信箱：huang2838@yahoo.com.tw

銀行 ATM 轉帳：合作金庫銀行　　帳號：5034-717-347447

郵政劃撥：18410591　　憲業企管顧問有限公司

江祖平律師顧問：紙品書、數位書著作權與版權均歸本公司所有

登記證：行政業新聞局版台業字第 6380 號

本公司徵求海外版權出版代理商（0930872873）

本圖書是由憲業企管顧問（集團）公司所出版，以專業立場，為企業界提供最專業的各種經營管理類圖書。

圖書編號 ISBN：978-986-369-097-9